Des agronomes pour demain

Accompagner la diversité des agricultures pour un développement durable

À nos compagnons Jean-Pierre Deffontaines, fondateur des Entretiens du Pradel,
et Camille Raichon, à l'origine de cette publication, trop tôt disparus.

Des agronomes pour demain

Accompagner la diversité des agricultures pour un développement durable

Marc Benoît, Jacques Caneill, Antoine Messéan,
François Papy, Philippe Prévost, coordinateurs

Préface de Michel Griffon
Postface de Michel Sebillotte

Éditions Quæ

Les Entretiens du Pradel

Agronomes et innovations. Enjeux, outils et méthodes, perspectives.
IIIe Entretiens du Pradel, 8-10 septembre 2004
Éditions Lharmattan, France, 2006

Agronomes et territoires
IIe Entretiens du Pradel. 12-13 septembre 2002
Éditions Lharmattan, 2004

Autour d'Olivier de Serres. Pratiques agricoles et pensée agronomique.
Iers Entretiens du Pradel, 28 septembre 2000
Comptes rendus de l'Académie d'Agriculture de France, 2001

Les contributions des intervenants lors des IVe Entretiens du Pradel, les 14 et 15 septembre 2006, sont consultables sur le site de l'Académie d'Agriculture de France :

http://www.academie-agriculture.fr/publications/colloques

Éditions Quæ
c/o Inra, RD 10, F – 78026 Versailles Cedex

J'ai toujours pensé que le ciel avait inventé les problèmes et l'enfer les solutions. Les problèmes nous bousculent, nous malmènent, nous désarçonnent, nous font sortir de nous-mêmes. Salutaire équilibre, c'est par les problèmes que toutes les espèces évoluent ; c'est par les solutions qu'elles se figent et s'éteignent. Est-ce un hasard si le pire crime de notre mémoire s'est intitulé « solution », et « finale » ?

Amin Maalouf, *Le siècle après Béatrice.*

Préface

Il y a en France une longue tradition de prise en compte du long terme dans la production agricole, ce que l'expression « cultiver en bon père de famille » nous rappelle en pointant l'idée qu'une solidarité avec les générations futures est nécessaire. Les dernières cinq décennies d'agriculture française, sans contredire ce principe inscrit dans le droit foncier, l'ont cependant un peu oublié. La nécessité d'accroître fortement la production afin d'alimenter les populations dont les revenus augmentaient, et la nécessité d'accroître la productivité, alors qu'une grande partie de la main-d'œuvre partait vers l'industrie et les villes, se sont traduites par un changement technique d'une très grande ampleur fondé sur l'amélioration génétique, l'usage intensif d'engrais et de produits phytosanitaires, et sur la mécanisation et la motorisation.

Aujourd'hui, nous nous rendons compte que le succès de ce modèle s'est accompagné de deux caractéristiques dont nous n'avions pas réellement conscience : le fait que ce progrès a été très largement tributaire de prix du pétrole relativement bas, et le fait que nous avons accepté dans toute l'Europe que les hauts rendements que nous avons obtenus supposaient des coûts de production plus élevés que ceux des autres grands pays agricoles exportateurs (comme l'Australie et le Canada), leurs rendements étant moins élevés. Cette période est terminée : l'agriculture européenne aura donc connu en une décennie deux chocs : celui de l'accroissement des prix de l'énergie, et celui du passage de prix internes élevés (mais nécessaires aux revenus des agriculteurs) à des prix mondiaux plus bas compensés par des subventions elles-mêmes fortement contestées par les concurrents exportateurs et par la société civile. L'agriculture connaît aussi un autre choc, plus lent celui-là, celui de la résistance de plus en plus forte de la société et des consommateurs à l'utilisation d'intrants chimiques. Outre ces trois aspects, il y a d'autres mutations potentielles et qui seront de plus en plus fréquemment citées dans l'avenir : la nécessité pour l'agriculture d'être moins émettrice de gaz à effet de serre et plus séquestratrice de carbone, la nécessité de restaurer des niveaux meilleurs de biodiversité (par exemple en protégeant les pollinisateurs), la nécessité de limiter l'érosion des sols, la nécessité de mieux gérer l'eau dans les écosystèmes de façon à garantir l'approvisionnement des nappes phréatiques et à en assurer une meilleure qualité, et peut-être aussi la nécessité de respecter certains critères d'esthétique du paysage. L'agriculture de l'avenir va donc devoir s'adapter à ces nouvelles contraintes. Mais ces contraintes sont peut-être aussi partiellement des opportunités car les « services écologiques » (pour reprendre l'expression utilisée par le *Millenium Ecosystem Assessment*[1]) que peut assurer l'agriculture pour le bien-être des sociétés devraient logiquement faire l'objet de financements de la part de ces sociétés puisque les agriculteurs en auraient inévitablement la charge et les sociétés les bénéfices.

Le futur contexte de l'agriculture pourrait aussi être marqué par un grand changement : la hausse progressive, mais toujours aussi erratique, des prix agricoles. Plusieurs signaux concourent en effet à considérer que, sur longue période, la demande mondiale pourrait excéder l'offre. La demande mondiale est en effet tirée par l'accroissement de la population et par l'accroissement des revenus des pays émergents. L'offre mondiale pourrait être de plus en plus limitée pour plusieurs raisons : la réduction progressive des surfaces planétaires encore disponibles, d'autant plus qu'il faut protéger la forêt tropicale, la plus grande difficulté d'accroître les rendements déjà élevés par rapport à la période précédente, car le modèle technique est devenu trop cher (en raison de l'incidence de la hausse des prix de l'énergie) et comporte trop de risques environnementaux, et enfin la concurrence potentielle pour l'espace productif agricole par les biocarburants.

Tout cela définit la nécessité d'une nouvelle vague de technologies qui devra s'inscrire dans plusieurs objectifs : accroître les rendements, d'une manière compatible avec une bonne gestion de l'environnement, et produire des services écologiques, et de manière plus économe que par le passé.

Il s'agit bien d'une nouvelle vague de technologies car le fondement est nouveau. La seule voie alternative actuellement disponible à l'agriculture intensive en consommation d'énergie et en molécules chimiques est celle d'une agriculture « écologiquement intensive » et à haute valeur environnementale (pour reprendre les expressions créées lors du Grenelle de l'environnement, en septembre 2007). Cela signifie qu'il s'agit de comprendre de manière beaucoup plus fine le fonctionnement biologique des écosystèmes (par exemple les grands cycles biogéochimiques) afin de pouvoir amplifier leurs effets positifs et éventuellement de les reproduire par des moyens artificiels. C'est pour cette raison par exemple que la science des sols devrait se réorienter fortement vers la connaissance de leur fonctionnement biologique afin de pouvoir mieux assurer un pilotage des éléments fondamentaux de la fertilité. Pour la même raison, le travail du sol devenant de plus en plus cher en raison des coûts des carburants fossiles, la recherche doit s'orienter vers le renoncement au labour et la mise au point de techniques de remplacement. Autre exemple parmi de nombreuses hypothèses : la connaissance des médiateurs chimiques induisant la production de toxines chez les plantes afin de résister à des attaques d'insectes pourrait permettre de déboucher sur de nouvelles gammes de molécules par biomimétisme. Les possibilités techniques apparaissent d'ores et déjà comme très nombreuses, offrant à la créativité des agronomes (au sens large) un nouveau champ d'expression.

Cette nouvelle voie technologique s'inscrit dans la perspective du développement durable. En effet, la référence à l'écologie scientifique comme source d'inspiration technologique constitue un signal fort pour montrer que l'agriculture est une

---

[1] *Millenium Ecosystem Assessment* voir www.maweb.org.

« écoculture »[2] et que la production agricole ne saurait échapper aux grandes lois de la viabilité écologique et environnementale. C'est aussi dans cette perspective que s'échafaude une nouvelle évolution de l'agronomie dont les réflexions ici présentées sont significatives.

Michel Griffon
Directeur général adjoint de l'Agence nationale de la recherche

---

[2] Terme utilisé par Bernard Chevassus-au-Louis dans le cadre du programme Systerra de l'Association nationale de la recherche en 2008. Écoculture signifie « cultiver des écosystèmes » ce qui comprend l'agriculture, l'horticulture, l'élevage, la foresterie, l'aquaculture.

Remerciements

Les coordinateurs de cet ouvrage remercient Patrick Dugué, François Kockmann, Jérémie Lecœur, Xavier Le Cœur et Eric Marshall, pour leur participation à la rédaction, ainsi que Jean Boiffin, Michel Griffon, Michel Sebillotte pour leurs contributions.

La rédaction de cet ouvrage a bénéficié à la fois des communications et des débats des Entretiens du Pradel qui ont eu lieu en septembre 2006, intitulés « Agronomes et diversité des agricultures ». Tous les participants à cette IVe session des Entretiens du Pradel sont sincèrement remerciés pour leur communication, leurs noms sont rappelés en annexe.

Sommaire

Partie II
Nouvelle politique pour les agronomes

Avant-Propos

Cet ouvrage rend compte des échanges et des débats qui ont eu lieu les 14 et 15 septembre 2006 sur le domaine Olivier de Serres, en Ardèche, où se tiennent désormais régulièrement les Entretiens du Pradel.

Cet événement a été créé pour la première fois en 2000, lors du quadricentenaire de la première édition de l'œuvre d'Olivier de Serres (1539-1619), père de l'agriculture française, « Théâtre d'agriculture et mesnage des champs », publié pour la première fois en 1600.

Les premiers Entretiens, intitulés « Autour d'Olivier de Serres : pratiques agricoles et pensée agronomique », ont permis une rencontre inédite entre agronomes et historiens. Elle a révélé le besoin de créer un lieu de débats et d'échanges autour des enjeux et des perspectives de l'agronomie française. Ainsi, ces Entretiens se sont pousuivis et le Pradel est devenu un lieu de rendez-vous pour les agronomes. Les sessions suivantes, bisannuelles, ont permis de traiter de sujets d'actualité, en débat pour l'agronomie : « Agronomes et territoires » en 2002, « Agronomes et innovations » en 2004, « Agronomes et diversité des agricultures » en 2006.

Lors de la quatrième et dernière session, les participants ont mis en évidence la nécessité de fédérer les agronomes de la recherche, de la formation et du développement de manière beaucoup plus instituée. C'est ainsi que le collectif responsable de cette manifestation a lancé le projet de création d'une Association française d'agronomie. Cette association va naître en 2008.

Désormais, les Entretiens du Pradel constitueront une des activités de l'Association française d'agronomie et se réuniront toujours tous les deux ans, mais les années impaires, de façon à alterner avec les congrès de la Société européenne d'agronomie, organisés les années paires.

Introduction

Le rôle et la place de l'agriculture dans notre société ont considérablement évolué depuis une cinquantaine d'années : mondialisation des échanges, réformes successives de la Politique agricole commune, émergence de nouveaux acteurs dans la sphère de l'agriculture, multiplication des centres de décision, exigences croissantes de la société sur les produits (qualité et sécurité alimentaire) et sur les façons de produire (respect de l'environnement, prise en compte du bien-être animal, aménagement du territoire et emploi), poids accru de la réglementation. Ces évolutions se traduisent par une diversification, dans le temps et dans l'espace, des agricultures, des marchés, des systèmes de production, des relations entre producteurs et consommateurs et des stratégies des différents acteurs. Ces changements s'accompagnent d'une contestation croissante des modèles techniques hérités de la phase de modernisation agricole, du fait de leurs impacts sur l'environnement et la santé, mais également en raison de l'inéquité des rapports économiques qu'ils engendrent au sein des filières agroalimentaires, notamment entre production et distribution.

Par ailleurs, les enjeux liés au développement durable incitent à dépasser la notion d'agriculture durable pour redéfinir la contribution de l'agriculture au développement économique et social. Ces enjeux se traduisent par une reconnaissance accrue des interdépendances entre activités agricoles et autres activités humaines (marchandes ou non) et par une diversification des partenariats nécessaires au sein des territoires et des filières pour que les activités agricoles contribuent au développement durable.

Comme le rappelle un récent dossier[3] publié par l'Institut national de la recherche agronomique (Inra), « Ce changement de point de vue tient en partie à la mutation des rapports entre l'agriculture et la société telle que nous la constatons, avec déjà un certain recul en Europe occidentale, mais qui se profile également dans d'autres parties du monde, au Nord comme au Sud. Dans les pays industrialisés, l'agriculture n'est plus, de par sa propre et seule fonction productive, un secteur économique prioritaire, ni une composante sociopolitique déterminante. Désormais, son importance tient avant tout au

---

[3] J. Boiffin, B. Hubert et N. Durand, (dir.), 2007. Agriculture et développement durable, Enjeux et questions de recherche. Inra, France, 2007.

rôle crucial qu'elle joue en tant que segment amont des filières d'alimentation dans un contexte en évolution rapide, sous l'effet de multiples facteurs (changement climatique, politiques agricoles, pression du consommateur, évolution des prix de l'énergie), en tant que fournisseur de biens non alimentaires (énergie, chimie verte) et en tant que gestionnaire de l'espace rural où elle occupe une place essentielle, non seulement en terme de superficie mais aussi du point de vue de sa localisation et de son rôle vis-à-vis des autres types d'occupation de l'espace (alors que cet espace n'est plus occupé, ni géré, par les seuls agriculteurs) ».

Pour l'agriculture et ses acteurs, cette mutation et ces contestations se traduisent par une nouvelle diversité des agricultures et engendrent des remises en question parfois difficiles. Pour la recherche agronomique, elles génèrent des objections et des interrogations qui vont bien au-delà de la prise en compte de nouvelles finalités environnementales et sanitaires dans ce qui serait un nouveau modèle de développement agricole. En effet, la remise en cause du modèle de développement concerne non seulement les critères d'appréciation des performances des systèmes de production mais également la prise en compte de nouvelles dimensions spatiales (le territoire, le paysage agricole) et temporelles (les effets à long terme des pratiques agricoles et des innovations), la reconnaissance de différents systèmes de valeurs associés aux agricultures et l'émergence de nouvelles relations entre la société et les agricultures. Ainsi, les enjeux du développement durable supposent un plus fort ancrage territorial en relation avec les acteurs porteurs d'enjeux de développement. Et la nécessité accrue d'un regard de la société sur les orientations prises en amont implique d'avoir les moyens de mieux définir les conditions de la participation, dans des processus et des dispositifs de recherche-développement, de l'ensemble des acteurs concernés par la problématique de l'agriculture dans le développement durable. Cela passe par une diversification des approches, des méthodes et des partenariats de la recherche agronomique. Comme le suggère Bernard Chevassus-au-Louis dans sa définition d'une agronomie intégrale « Refonder la recherche agronomique » (exprimée lors de la leçon inaugurale à l'École supérieure d'agriculture d'Angers, en septembre 2006), il s'agit non seulement de réconcilier l'agronomie et l'écologie mais également de socialiser l'agronomie.

Les agronomes, face à cette diversité des agricultures, sont ainsi confrontés à de nouveaux enjeux qu'ils doivent bien mesurer, et à des défis qu'ils auront à relever pour que l'agriculture du XXIe siècle puisse à la fois nourrir l'humanité et offrir un cadre de vie non dégradé.

La première partie de cet ouvrage est consacrée à la diversité des agricultures, son origine et les questions nouvelles qui sont posées à la société civile et aux agronomes en particulier. La deuxième partie s'attache à définir une nouvelle politique pour l'agronome dans ses fonctions, ses postures, son environnement, ses compétences. Une nouvelle dynamique de recherche, formation et développement en découle.

En conclusion, Michel Sebillotte resitue l'agronomie comme discipline au service des agronomes de demain.

Diversité des agricultures : ruptures historiques, questions nouvelles

La question de la diversité des agricultures peut s'analyser selon plusieurs points de vue. Le premier est écologique : en effet, les activités agricoles s'inscrivent dans le fonctionnement d'écosystèmes, et ces derniers sont multiples. Un deuxième point de vue privilégie le contexte social et politique, qui détermine la capacité de l'agriculteur à mobiliser de la terre, du travail, du capital et définit les rapports de force au sein des sociétés. Enfin, un troisième point de vue valorise la diversité des agricultures comme étant le résultat des représentations que les groupes sociaux ont des rapports de l'homme à la nature.

Points de vue sur la diversité

La diversité écologique, quelle que soit l'échelle, implique que les espèces végétales cultivées, et les espèces animales domestiquées, diffèrent selon les milieux ; elles n'ont pas toutes les mêmes exigences écologiques. Lorsque les échanges interrégionaux sont réduits, que les villages sont isolés ou que les agriculteurs ont peu de numéraire pour participer à une économie de marché, l'agriculture cherche à produire tous les biens nécessaires à la survie de la population : c'est une histoire ancienne pour les pays industrialisés, c'est une réalité encore pour de nombreux paysans dans le monde.

À la diversité des besoins répond une diversité d'activités agricoles, réparties sur le territoire local, selon l'aptitude culturale relative des différents milieux ou l'éloignement des habitats : ici, la culture d'espèces vivrières ou à des fins artisanales, là des espaces fourragers, là encore, une forêt exploitée pour le combustible... Ici, les activités de culture et d'élevage sont encore séparées : affaire d'ethnies, aux modes de vie bien différents, comme en Afrique. Ailleurs, elles sont (ou ont été) étroitement liées par une gestion de flux de matière et d'énergie entre les différentes portions du territoire ; le bétail permet, en effet, le transfert des espaces pâturés aux espaces cultivés d'éléments minéraux (dont on sait maintenant que l'azote, puisé dans l'air par les légumineuses, était l'élément principal) et d'énergie, éventuellement, pour les façons culturales.

Cette diversité de systèmes techniques, articulés entre eux afin de valoriser la diversité des écosystèmes d'un territoire, a été fortement modifiée dans les pays industrialisés (voir Encadré « Diversité des agricultures : quelques repères »).

Les systèmes de culture qui y sont pratiqués maintenant permettent d'obtenir des rendements très élevés à l'hectare à partir de prélèvements importants sur les ressources naturelles, externes au territoire cultivé. En revanche, d'autres agricultures sur la planète, peu intensives, fonctionnent seulement sur des ressources locales, souvent réduites. Sans doute est-ce là la plus importante diversité de formes d'agriculture, liée à une artificialisation plus ou moins poussée des écosystèmes.

Sur le plan sociopolitique, l'activité agricole nécessite l'accès à différentes ressources ; la terre au premier chef, car progressivement a prévalu un droit selon lequel l'accès au fonds détermine l'accès aux autres ressources (intrants, eau, matériel...), autant de biens qui conditionnent l'efficacité du travail[4]. La multitude des relations entre ceux qui possèdent et ceux qui travaillent génère autant de formes d'agriculture : des paysans sans terre aux latifundia ou aux grandes entreprises de l'*agribusiness*, des entreprises collectivisées et des exploitations patriarcales à celle de l'agriculteur unique ou à l'exploitation familiale pluriactive…, que de diversité entre pays et au sein d'un même pays, fruit d'un jeu complexe de rapports de force ! À l'heure d'une mondialisation généralisée des échanges qui voudrait mettre en concurrence ces différentes formes d'agriculture, c'est sur cette diversité-là et les multiples arbitrages qu'elle engendre que butent les accords internationaux.

Enfin, dans les rapports de la société à la nature, depuis les origines de l'agriculture, les liens tissés par cette activité entre les ressources naturelles et les humains sont si forts qu'ils ont induit des représentations sociales très prégnantes[5]. Elles diffèrent selon les sociétés et au sein d'une même société. Elles dépassent largement les seuls producteurs agricoles et sont portées par tout le monde, car elles incluent les modes de vie, notamment les régimes alimentaires, le recyclage des matières… Pour une société et une époque donnée, un courant de pensée domine, véritable paradigme ; suscitant des réactions, il fait son temps. La science, tout à la fois, l'influence et s'y coule. En un lieu, à une époque, ce rapport à la nature fonde le type de rationalité qui sert à comprendre les choix techniques, sociaux, économiques, politiques qui orientent telle ou telle forme d'agriculture.

Les considérations d'ordre écologique, sociopolitique ou inscrites dans les rapports de la société à la nature peuvent être distinguées, mais non séparées les unes des autres tant elles sont étroitement liées. Le paradigme du « progrès technique continu » est associé à l'amélioration génétique du potentiel de production des plantes cultivées, aux techniques de fertilisation minérale et d'emploi des pesticides chimiques, à la mécanisation et à la motorisation qui, levant, un à un, les facteurs limitants, ont accompagné, dans les dernières décennies, une progression continue des rendements. L'hostilité de la société à la culture de plantes génétiquement modifiées en Europe et son acceptation aux États-Unis montrent la diversité des représentations sociales et son effet sur la propagation de certaines techniques. Techniques et rapports sociaux s'influencent mutuellement : le coût d'investissement de certaines techniques réduit le salariat agricole ; le coût de la main-d'œuvre incite aux investissements. Les rapports sociaux modifient les représentations : l'urbanisation généralisée de la population éloigne de plus en plus le consommateur de l'activité agricole et distend son rapport à la nature ; ce dernier construit une vision idéalisée de cette nature, tandis que l'agriculteur se confronte inexorablement à ses aléas. Bref, ne séparons pas les différents aspects de la diversité des agricultures, examinons comment ils « co-évoluent » avec elle.

Les différents points de vue sur la diversité des agricultures, liés entre eux, évoluent avec le temps. Dans l'histoire des agricultures, des ruptures ont pu être identifiées et, à chaque fois, celles-ci ont créé des changements importants, tant dans la science que

---

[4] L'accès à la terre est un problème particulièrement délicat en Afrique subsaharienne. Voir Dugué P., Brossier J., 2007. Des politiques pour soutenir l'agriculture familiale. *In* Exploitations familiales en Afrique de l'Ouest et du Centre, Gafsi M., Dugué P., Jamin J.-Y., Brossier J. (eds). Éditions Quæ.

[5] D'après le *Millenium Ecosystem Assessment*, l'agriculture est une des principales activités utilisant les écosystèmes et pouvant, selon les cas, les dégrader ou les améliorer.

dans la pratique. Les ruptures que nous allons faire ressortir d'une analyse historique soulèvent ainsi des questions nouvelles auxquelles s'affrontent les agronomes[6].

Diversité des agricultures : quelques repères

Agriculture biologique, agriculture paysanne, agriculture durable, agriculture raisonnée, agriculture de précision, éco-agriculture, etc., voilà les principaux qualificatifs de l'agriculture qui donnent tant de mal aux consommateurs soucieux de connaître les modes de production de leurs aliments. Sans prétendre résoudre toutes les difficultés, nous proposons simplement d'y voir un peu plus clair. C'est que les difficultés sémantiques sont multiples.

Tout d'abord, les termes couvrent des réalités de natures différentes. Certains ont une acception purement technique, c'est le cas de l'agriculture raisonnée, de l'agriculture de précision. D'autres une acception sociétale, qualifiant une vision de la place de l'agriculture dans la société, c'est le cas de l'agriculture durable ou de l'agriculture paysanne.

Certaines sont reconnues par la loi et certifiées. L'agriculture biologique reconnue en 1980 a été certifiée en 1993 ; l'agriculture raisonnée bénéficie d'un cadre officiel, depuis un décret de mai 2002, sous forme d'un référentiel utilisé pour les certifications qui ont débuté au printemps 2004. En revanche, ni l'agriculture durable ni l'agriculture paysanne ne sont certifiées ou labellisées ; elles servent de référence au sein de réseaux réunissant des agriculteurs, comme le Centre d'étude pour le développement d'une agriculture plus autonome (Cedapa) ou encore des consommateurs et des agriculteurs, comme les associations pour le maintien de l'agriculture paysanne (amap).

L'objet de la certification des agricultures labellisées diffère : pour l'agriculture biologique, c'est le produit (produit issu de l'agriculture biologique) ; dans le cas de l'agriculture raisonnée, c'est l'ensemble de l'exploitation (produit issu d'une exploitation qualifiée au titre de l'agriculture raisonnée).

La labellisation de l'agriculture raisonnée résulte de la volonté des pouvoirs publics de généraliser des modes de production moins polluants que le type d'agriculture qui n'a cessé de s'intensifier depuis les années 1950. C'est en partant des expériences du réseau Forum de l'agriculture raisonnée respectueuse de l'environnement (Farre) et de la Chambre régionale de Picardie (Quali'terre) que le référentiel, portant sur 98 critères, a été mis au point. L'agriculture raisonnée qualifie un mode de production dans lequel l'agriculteur modifie ses interventions en fonction de diagnostics fréquents, réalisés en cours de conduite des cultures ou des troupeaux, en recherchant, à la fois, la sécurisation de la production, l'optimisation de la marge et la réduction des impacts environnementaux. Ce mode de production préconise, par exemple, l'implantation de cultures intermédiaires qui réduisent les risques de lessivage de l'azote vers les nappes souterraines et, dans certaines situations, les risques d'érosion. Fondé sur l'adaptation des interventions aux diagnostics en cours de culture, ce mode de production se trouve facilité par le développement de nouvelles technologies, qui, sous l'appellation d'agriculture de précision, permettent de moduler en temps réel les traitements en fonction de l'état des plantes ou d'estimer les risques auxquels elles sont exposées. Cependant, dans son principe, l'agriculture raisonnée ne remet pas en cause l'objectif premier d'obtenir un rendement élevé par le recours aux engrais, et l'emploi de pesticides reste encore important.

...

---

[6] Nous considérons ici que les agronomes « ont à être des acteurs à part entière du développement des sociétés » comme le dit M. Sebillotte dans la préface, intitulée « Penser et agir en agronome », de l'ouvrage *L'agronomie aujourd'hui*, coordonné par T. Doré, M. Le Bail, P. Martin, B. Ney, J. Roger-Estrade, 2007. Éditions Quæ.

...

Même si le nombre des exploitations qualifiées en agriculture raisonnée est très limité, les rendements des cultures, après une phase d'augmentation continue depuis les années cinquante, se stabilisent à la fin des années quatre-vingt-dix, à la suite d'une baisse des livraisons d'azote dès la fin des années quatre-vingts. Les pesticides sont restés encore abondamment utilisés jusqu'à la fin des années quatre-vingt-dix, date à partir de laquelle leur utilisation commence à se réduire. Il semble que ce soit pour de strictes raisons d'économie que la pression de l'agriculture sur l'environnement ait diminué. Elle reste cependant encore forte : l'agriculture la plus couramment pratiquée non seulement contribue à dégrader des ressources comme l'eau, les sols et l'air, mais, qui plus est, consomme beaucoup d'énergie fossile, directement par le carburant, indirectement par les intrants de synthèse. Il y a des progrès à faire dans ces deux directions tout en maintenant des rendements suffisants et réguliers.

De l'agriculture raisonnée à l'éco-agriculture, il existe une gradation des techniques productives dans le sens de la préservation et de l'économie des ressources naturelles, ainsi que de l'usage de plus en plus important de ce que l'on appelle les services écologiques, selon la terminologie du *Millennium Ecosystem Assesment*. Mais les différentes qualifications des agricultures, qui, nous l'avons vu, ne sont pas définies par des systèmes techniques précis, ne correspondent pas à des limites strictes dans cette direction ; c'est d'autant plus vrai qu'au sein d'une qualification donnée, les agriculteurs ont une grande variété de pratiques, constituées d'une combinaison des principes énoncés ci-dessous, comme spécifiques d'une étape.

Pour suivre la gradation schématique proposée ci-après, il faut comprendre en quoi a consisté le système d'intensification de l'agriculture qui a prévalu depuis la moitié du xxᵉ siècle. La sélection végétale, l'allongement des cycles culturaux, la densité de plantes à l'hectare et le forçage de l'écosystème par des engrais, azotés en particulier, permettent de rapprocher les rendements du potentiel photosynthétique. Par mesure d'assurance, les quantités d'engrais azotés, établies sur les rendements des meilleures années, sont donc souvent excessives. La plante cultivée, fragilisée, est attaquée par des bioagresseurs (concurrents ou parasites) qui sont éliminés par des traitements chimiques systématiques. Corrélativement, les populations qui pourraient être utiles (microorganismes du sol, insectes prédateurs de nuisibles...) sont bien souvent éliminées, soit directement par les pesticides, soit indirectement par la destruction des habitats.

Un premier niveau d'amélioration consiste à calculer au plus près les doses d'engrais, à diminuer les apports systématiques par des suivis de l'état du peuplement végétal et à choisir des produits phytosanitaires sélectifs. En mettant des bandes enherbées là où la concentration du ruissellement crée des rigoles et ravines, ou encore le long des cours d'eau, on limite l'érosion et on capte les molécules chimiques en excès. Ainsi, par un fin pilotage des cultures et un réaménagement des terrains, l'objectif est de limiter le plus possible la dégradation de qualité de l'eau, du sol et de l'air. Mais, en visant toujours des rendements voisins de ceux des systèmes intensifs précédents, on consomme encore beaucoup d'énergie fossile.

À la préservation des ressources, il est possible d'ajouter un objectif d'économie en énergie fossile en réduisant, voire en supprimant le labour, en diminuant les facteurs de croissance comme l'azote, en semant ou plantant moins dense, en sélectionnant des plantes résistantes aux maladies. La captation de l'énergie lumineuse étant moindre, les rendements atteints sont plus faibles que dans le cas précédent, mais la plante cultivée est moins fragile, moins attaquée ; aussi est-il possible de réduire sensiblement l'ensemble des pesticides. Les objectifs de production sont réduits, mais aussi les charges ; ce faisant, on obtient des marges tout à fait comparables, voire meilleures avec moins d'investissements financiers.

...

...

Un nouveau progrès est possible dans l'économie de moyens et l'obtention de rendements satisfaisants en adaptant bien les cultures aux milieux, en valorisant mieux les fonctionnements naturels des écosystèmes et en les rétablissant, lorsqu'ils ont été détruits. Le sol, trop exclusivement considéré pour ses seules propriétés physico-chimiques dans les formes précédentes d'agriculture, est réhabilité dans son rôle de milieu de vie. La macrofaune aère et brasse les constituants organiques et minéraux ; la microfaune, décomposeur ultime de la matière organique, recycle les éléments en les minéralisant avant qu'ils ne soient absorbés par les végétaux supérieurs. Dans leurs relations symbiotiques avec certaines espèces cultivées, des microorganismes spécifiques fixent l'azote ou solubilisent les phosphates. La source d'énergie nécessaire à tous ces microorganismes est la matière organique ; aussi faut-il la maintenir à un taux suffisant dans le sol, si possible par des couverts permanents. Une façon de mieux valoriser les écosystèmes consiste à cultiver des associations d'espèces. Elles utilisent mieux le milieu que la monoculture : dans l'espace, par une meilleure exploration racinaire ; dans le temps, par un décalage des cycles de végétation. Elles sont également moins sensibles aux maladies et parasites. Enfin, l'entretien d'habitats (haies, bosquets, bandes enherbées…) permet d'abriter des auxiliaires et de lutter ainsi contre les ennemis des espèces cultivées. Ce mode de culture, qui s'inspire des fonctionnements des écosystèmes, s'accompagne d'une diversification des productions et d'un enrichissement des successions de cultures.

Cette dernière étape dans la gradation proposée constitue une rupture radicale ; elle ne peut être atteinte sans une phase de transition qui consiste en un enrichissement organique du sol et la reconstitution d'habitats. L'agriculture biologique s'apparente à cette forme de culture qui rétablit des fonctions écosystémiques. Mais, en s'interdisant, par principe, le recours aux produits chimiques de synthèse, elle se trouve parfois totalement démunie face à des attaques parasitaires non contrôlées par des auxiliaires, ou encore condamnée à une gamme très réduite de produits qui peut induire des résistances ou provoquer des toxicités.

Les ruptures historiques

Dans la très lente « révolution agricole » que les historiens font débuter au XVIe siècle et qui se prolonge jusqu'au XIXe siècle[7], on décèle des évolutions dans la conception des techniques de production, mais leur généralisation est si lente que le terme de rupture ne convient guère. À la fin de cette période, quand débute l'industrialisation de l'économie fondée sur l'exploitation du charbon, avec la facilité des transports à distance, après les découvertes sur l'alimentation minérale des plantes, les ruptures vont s'accélérer jusqu'à aboutir, à la fin du XXe siècle à une double crise : crise environnementale, crise du déséquilibre les pays du Nord et du Sud.

---

[7] On se reportera avantageusement à Robin P., Aeschlimann J. P., Feller C., 2007. Histoire et agronomie, entre rupture et durée. IRD (Institut de recherche pour le développement) éditions ; et à Papy F., 2008. Agriculture et industrialisation. Encyclopaedia Universalis.

Ruptures techniques au sein d'un même paradigme : gérer la nature en bon père de famille

Au Siècle des Lumières, un même paradigme domine en Europe ; avec la théorie des physiocrates, l'époque est à l'utilitarisme : il faut gérer la nature de façon productive. Il faut cependant la gérer « en bon père de famille », ne pas compromettre les capacités futures de production : éternel problème autour duquel se focalisent les débats des penseurs de l'agriculture, car, dans l'ensemble, ils partagent l'idée qu'il faut bien compenser l'exportation des récoltes. Les vives réfutations de la théorie du Tull selon laquelle une fertilité infinie était contenue dans la terre en sont la preuve.

Le modèle technique dominant est le suivant : d'un côté des terres arables, consacrées à une succession d'espèces annuelles, précédées d'une année de préparation, la jachère ; le reste en forêts, prairies naturelles, landes et pâtis, sont des espaces laissés aux forces spontanées de la nature. L'homme vit de la diversité de ces deux espaces et pratique un transfert de fertilité, du second au premier, grâce à l'élevage d'animaux domestiques. La première rupture, survenue en Angleterre dès le XVIIe siècle, a consisté à introduire, pour quelques années, la prairie dans les terres labourables et à diversifier la succession des cultures annuelles avec le navet et le trèfle ; on explique maintenant la supériorité de cette pratique sur la précédente par une meilleure valorisation de l'azote de l'air fixé dans le sol, surtout quand le semis de prairie se fait en légumineuses. Cette innovation a mis plus de deux siècles à se généraliser, plus lentement en France qu'en Angleterre. Cependant, progressivement, l'espace cultivé s'enrichit de nouvelles espèces. La pomme de terre, le colza, la betterave, les haricots, après essais dans les jardins, sont introduits dans le territoire cultivé sur l'espace consacré à la jachère. Pour répondre à une demande accrue de viande et de lait, l'élevage, longtemps considéré pour le seul fumier et la force tractrice, devient désormais une activité agricole à part entière grâce aux prairies artificielles, mais aussi aux fourrages annuels, aux betteraves et choux fourragers. La polyculture domine sur le territoire français ; elle produit des paysages harmonieux, composés d'un fin maillage de parcelles variées. De l'*openfield* du Nord-Est au bocage de l'Ouest et du Centre et à l'enchevêtrement des champs, vergers et terres incultes du Sud, partout, les parcelles sont petites, proportionnées au travail que peuvent accomplir en une journée les animaux de trait.

Jusque dans la première moitié du XIXe siècle, la théorie de l'humus, qui soutient que les plantes se nourrissent d'humus produit lui-même par les plantes, ne contient pas l'idée d'une totale restitution au sol de ce qui lui est prélevé : les plantes, prétend-elle, donnent à la terre plus qu'elles ne reçoivent ; on peut, par une sorte de cercle vertueux, rehausser la fertilité par l'introduction dans la succession des cultures d'« engrais verts » et de prairies artificielles ; c'est vrai pour l'azote, dans la mesure des capacités fixatrices de cet élément, prélevé dans l'air, par des microorganismes du sol ; vrai aussi pour une amélioration d'ensemble des propriétés du sol qui conditionnent la croissance des plantes ; faux, par contre, si les éléments minéraux prélevés par les récoltes, facteurs essentiels de la fabrication de matière végétale, ne sont pas restitués au sol.

La gestion de la nature en bon père de famille reste toujours le paradigme. Cependant, pour nourrir une population croissante, une fois cultivées les terres qui peuvent l'être, il faut augmenter les rendements ; comme, progressivement, se rétracte la partie non cultivée du territoire, source d'un transfert de fertilité vers celle qui est cultivée, il faut trouver des engrais. Près des villes, ils abondent en raison des déchets ; mais plus loin, les restitutions sont bien insuffisantes. C'est ce qui explique, au début de la période d'industrialisation, la faiblesse des rendements français comparés à ceux des pays nordiques, plus densément urbanisés. Avec la théorie de la nutrition minérale des plantes, les pratiques de fertilisation vont radicalement changer la donne.

Au cours du XIXe siècle, à la suite des travaux de Ferdinand de Saussure (1804), qui donnent une première vision synthétique de la nutrition carbonée, hydrique et minérale des végétaux, puis de ceux de Sprengel, élève de Thaer, cette théorie minérale triomphe après la large médiation qu'en a faite Liebig à partir de 1840. C'est au nom « du bien des générations futures » que ce dernier condamne les tenants de la théorie de l'humus car il faut restituer au sol les minéraux que les récoltes exportent. Appuyé par l'industrie chimique naissante, l'usage des engrais minéraux se généralise. On n'a plus besoin des animaux pour transférer des alentours aux terres arables les éléments dont les plantes ont besoin ; ils viennent de mines lointaines. Le problème du bien des générations futures n'est que repoussé ; la polémique va rebondir plus tard.

Le progrès technique sans limites, la mondialisation des échanges

Dans les pays du Nord qui s'industrialisent en faisant un usage croissant des énergies fossiles (charbon, puis pétrole et gaz), la découverte de la nutrition minérale des plantes va entraîner des conséquences sans commune mesure avec la lente « révolution agricole » précédente. Véritable révolution cette fois, qui porte sur les relations de l'homme à la nature, transforme les rapports sociaux et les formes d'exploitations agricoles, modifie radicalement les systèmes techniques de production.

L'idée d'un progrès technique sans limite, qui s'installe progressivement dans les esprits, trouve une entière justification en agriculture. En faisant sauter un à un les facteurs et conditions qui limitent les rendements, l'idée gagne qu'on n'arrête pas le progrès ; la voie est toute tracée pour les générations futures ! Le phosphore est un premier élément reconnu comme limitant les rendements ; les agronomes s'en inquiètent. Le phosphore se trouve dans les os et dans les poissons, mais ni les bouchers qui fournissent des os à broyer ni l'usine d'engrais-poisson, ouverte en 1851 à Concarneau, ne peuvent répondre à la demande. On trouve alors du minerai, d'abord à proximité, des Ardennes au Quercy, puis en Algérie et Tunisie. Ce facteur limitant comblé, l'azote fixé par les microorganismes du sol ne suffit plus aux cultures, même si on en prélève sur des surfaces voisines ; les nitrates venant du Chili pallient la déficience ; viennent-ils à se raréfier, découvert en 1913, le procédé industriel de fabrication de l'ammoniac à partir de l'azote de l'air prend le relais, puisant dans une autre mine l'énergie nécessaire.

À partir de cette époque, tout au long du XXe siècle, se développe une agriculture qui traduit le choix (inconscient sans doute) d'exploiter le capital naturel d'énergie et de minéraux fossiles. En même temps que s'épuisent ces ressources, les écosystèmes se détériorent selon un processus qu'il faut comprendre. L'objectif est pourtant d'utiliser une fonction essentielle des écosystèmes : la biosynthèse (ou anabolisme). Mais il est recherché en forçant le fonctionnement de ces systèmes par une concentration de facteurs de croissance à l'unité de surface afin d'atteindre le potentiel de photosynthèse d'espèces sélectionnées à cette fin. Comme il s'avère impossible d'augmenter le rendement de la photosynthèse à l'unité de surface foliaire, la génétique produit de nouvelles variétés ;

ayant un cycle cultural allongé, elles captent plus longtemps le rayonnement global ; avec un meilleur indice de récolte, elles le rentabilisent mieux. Grâce à un prix de l'énergie fossile qui n'a cessé de diminuer depuis le milieu du XIXe siècle, les engrais azotés, phosphatés et potassiques sont largement utilisés pour ne pas limiter les rendements, tandis que la motorisation permet de travailler plus de surface au bon moment, et ainsi de mieux ajuster les interventions culturales au développement des plantes pour améliorer l'efficacité des intrants. Mais le forçage des facteurs de croissance ne cesse de dégrader les conditions de cette croissance. Les espèces cultivées deviennent plus sensibles à la compétition ou au parasitisme d'autres populations végétales et animales. Et c'est par voie chimique que ces dernières sont réduites : des pesticides, minéraux d'abord, puis produits de synthèse, herbicides, fongicides, insecticides sont mis sur le marché au fur et à mesure qu'ils peuvent faire sauter un verrou sur la voie de l'accroissement continu des rendements. La production des espèces cultivées se réalise aux dépens des autres populations des écosystèmes, d'autant que, pour réaliser des économies d'échelle, les parcelles sont agrandies et que sont détruits les nombreux biotopes que sont les bordures de champs, les haies, les bosquets et les mares.

Bien sûr, de l'innovation à la mise en œuvre généralisée, il faut du temps. Par rapport à ses voisins d'Europe du Nord, la France, au milieu du XXe siècle, n'utilise encore que modérément les produits de l'industrie ; la motorisation y est faible : en 1955, 70 % des exploitations agricoles utilisaient encore des chevaux de trait. Tout change vite dans les trente à quarante années qui suivent la Seconde Guerre mondiale.

Il faut pour cela que se produise un changement radical dans les structures sociales de l'agriculture. Avant la Seconde Guerre mondiale, la très grande majorité des exploitations rurales est de très petite taille. On y recense 40 % de la population active ; mais tout ce monde n'y vit pas que de culture ou d'élevage ; la pluriactivité est fréquente : travail artisanal ou en usine d'un membre de la famille, parfois exploitation de petites mines locales, travail saisonnier dans de plus grandes exploitations, cependant bien rares. L'agriculture française, bien que disposant de plus de surface par habitant que les pays du Nord de l'Europe, n'arrive pas à satisfaire les besoins de la population. La guerre marque la rupture. La politique agricole, qui, à partir des années soixante, se situe dans le cadre européen, ainsi que la révolution culturelle, qu'a représenté le mouvement de la jeunesse agricole chrétienne (Jac), s'inscrivent dans l'idéologie du progrès technique. Préconisé par les lois d'orientation de 1960 et 1962, favorisé par le crédit, la vulgarisation technique et la réglementation pour l'usage des terres, le modèle de l'exploitation familiale à deux travailleurs à temps complet s'impose. Il va prévaloir longtemps ; l'agriculteur se professionnalise.

Il a fallu, mise en mouvement par une politique de structure, une sorte de contrat entre la nation et son agriculture pour enclencher un changement profond des techniques : à l'agriculture d'assurer la sécurité alimentaire du pays ; à la nation d'assurer à ses agriculteurs un niveau de vie similaire à celui des autres citoyens. De l'après-guerre au début des années quatre-vingts, triomphe le modèle productiviste, décrit plus haut ; il va pleinement réussir, puisque, pour la première fois de son histoire, à la fin de cette période, la France produit beaucoup plus qu'elle ne peut consommer. Les traits marquants de cette période sont la spécialisation des exploitations et leur ouverture aux marchés.

La spécialisation est rendue possible par les nouvelles techniques : l'emploi des engrais minéraux permet de dissocier culture et élevage, tandis que les nombreux pesticides donnent plus de souplesse aux successions de cultures et permet de raccourcir les délais de retour d'une culture sur elle-même ; elle s'impose par la nécessité, pour les agriculteurs, de se professionnaliser dans un métier de plus en plus technique et d'amortir des investissements de plus en plus spécifiques des différentes productions. La diversité des systèmes techniques change d'échelle ; elle était jadis interne aux exploitations, elle se joue entre exploitations, chacune développant une stratégie spécifique. Les travaux de typologie des exploitations, qui ont été développés à cette époque, ont mis en relation types de stratégie et types de systèmes techniques (de culture et d'élevage), faisant ainsi ressortir la diversité des exploitations au sein d'une région. Ils ont servi à la diffusion d'innovations adaptées à chacun des types.

L'ouverture des exploitations aux marchés se fait dans deux sens : en amont, puisque désormais l'aptitude culturale des terrains n'est plus dépendante des ressources naturelles du voisinage, mais peut provenir d'un autre coin du monde ; en aval, car la libéralisation des marchés devient doctrine dominante, sensée, par la concurrence optimiser le bien de tous. Les avantages concurrentiels poussent à la spécialisation des petites régions agricoles, entités au milieu physique relativement homogène. Avec l'ouverture, toujours plus grande, aux marchés extérieurs, apparaissent d'autres déterminants de localisation des productions (bassins portuaires, axes routiers, centres de consommation), de moins en moins liés à des différences de milieux, de plus en plus à des infrastructures de commerce et de transport. Ce sont des logiques de filières à l'échelle mondiale qui spécialisent, dans l'espace, les activités productrices, non plus des logiques de valorisation des ressources locales. La diversité des formes techniques d'agriculture a décidément changé d'échelle.

Pour la planète entière, c'est encore plus vrai ; entre des agriculteurs dont la productivité du travail varie de 1 à 500, entre les agricultures manuelles qui concernent un milliard de paysans, attelées 300 millions et motorisées 30 millions, entre celles qui vivent encore sur la fertilité des milieux défrichés et celles qui utilisent force engrais et pesticides, jamais la diversité des agricultures n'a été aussi grande.

Agricultures, ici productivistes, exploitant des ressources naturelles sur l'ensemble de la planète et là, tout au contraire, ne puisant que les ressources naturelles locales, souvent bien limitées, en concurrence de surcroît, mais n'arrivant pas à nourrir la population mondiale actuelle, voilà les termes de la crise agricole et alimentaire de notre époque. Comment concevoir et mettre en œuvre, sur l'ensemble de la planète, une diversité d'agricultures adaptées à la diversité des ressources et de leur répartition pour alimenter l'humanité, maintenant et dans le siècle à venir ?

Crise de l'agriculture productiviste

Pressentie vers le milieu du XXe siècle par ceux qui allaient devenir les précurseurs de l'agriculture biologique, la crise agricole, alimentaire et environnementale pénètre les consciences à partir des années soixante-dix ; elle contient deux composantes, liées entre elles : celle du rapport des hommes à la nature et celle du rapport des hommes entre eux. Elle s'inscrit dans une remise en cause générale de la conception précédente du progrès.

Première composante, la crise environnementale. Selon le processus analysé plus haut, par un prélèvement immodéré de ressources, l'agriculture productiviste dégrade localement des ressources ; deux aspects sont à examiner, par conséquent : la dégradation des ressources et leur économie générale. C'est la dégradation qui est perçue en premier. En France, le rapport Hénin, en 1980, fait date pour avoir quantifié la pollution des eaux par les nitrates ; les processus d'érosion des sols et de pollution par les pesticides sont ensuite vite identifiés, puis, plus tard, l'érosion de la biodiversité. Surfertilisation, traitements préventifs des plantes cultivées, agrandissement des parcelles, réduction de la diversité des cultures, monotonie des paysages, suppression des haies, mares, fossés… en sont les principales causes. Après la conscience que certaines ressources se dégradent, vient celle que certaines ne se renouvellent pas : les énergies et les engrais fossiles. Cependant, plus encore que les crises pétrolières, le réchauffement climatique fait prendre conscience de la nécessité de réduire la consommation de l'énergie fossile. Une ressource, pourtant renouvelable comme l'eau douce, doit aussi être économisée ; globalement abondante à l'échelle de la planète, elle est très inégalement répartie et ne circule pas, comme le pétrole, d'un continent à l'autre. Dans les régions arides et semi-arides, densément peuplées, elle constitue une limite absolue à la production agricole. Elle est, dans tous les cas, objet de concurrence entre l'agriculture, grosse consommatrice, les industries et les ménages.

À la crise environnementale est associée une crise du système économique. Si coexistent au sein d'un même pays des agricultures plus ou moins consommatrices de ressources naturelles, la plus forte fracture existe cependant entre pays industrialisés et en développement. Les premiers, pour les besoins de leur population, prélèvent sur les réserves planétaires minerais, pétrole, ressources génétiques ; ils satisfont largement les besoins de leur population qui dispose de 3 380 kcal/j/hab, à partir d'une valeur encore plus forte des calories végétales, puisque les régimes alimentaires y sont abondamment carnés et qu'il faut 5 à 10 calories végétales pour fabriquer une calorie animale. Les seconds n'assurent que 2 680 kcal/j/hab, moins que la référence nécessaire[8]. Ainsi, la très grande majorité des 850 millions des personnes sous-alimentées habitent les pays en développement ; parmi eux 65 % sont des paysans. Paradoxe ? Non, les produits alimentaires de base, en provenance des pays industrialisés arrivent dans les villes des pays pauvres à des prix que les agriculteurs locaux ne peuvent concurrencer. Ainsi, indirectement, les agricultures riches détruisent les plus pauvres.

Si la prise de conscience générale de cette crise date de la fin du XXe siècle, certains, déjà, avaient dénoncé le paradigme du progrès technique dans sa première moitié. Reliant les effets destructeurs de l'agriculture intensive à la théorie minérale, Howard s'en prend à cette dernière, mêlant dans une même réprobation connaissance et mésusage de la connaissance. Au nom du pillage du capital terrestre, il dénonce la théorie minérale comme Liebig, cent ans plus tôt, avait dénoncé, au nom du même principe, la théorie de l'humus[9]. Et la question reste entière de savoir si l'on peut « satisfaire les besoins du présent sans compromettre la capacité des générations futures à répondre aux leurs », selon la définition du développement durable, paradigme du moment, défini en 1987,

---

[8] Le seuil de suffisance alimentaire a été fixé par le Pnud à 2 700 kcal/jour/habitant. Il est à peine atteint, en moyenne, par les pays en développement ; c'est dire combien beaucoup d'entre eux se situent à des niveaux inférieurs. La moyenne de l'Éthiopie est de 1 300 kcal !

[9] Lire notamment de Robin P., 2007. Le point de vue d'un agronome *In* Robin P., Aeschlimann J. P., Feller C., 2007. (*op. cit.*)

dans le rapport Bruntland[10]. Il exprime, à nouveau, l'intérêt des générations futures, mais cette fois à l'échelle de la planète, avec la conscience de la finitude des ressources et le souci d'équité entre les peuples. Le terme est souvent détourné de son sens, dans l'inconscient collectif, évoqué de façon incantatoire pour éviter de trancher dans le vif. Il n'a, en vérité, d'intérêt que s'il permet de poser la question de la survie des hommes sur la planète et de préciser les défis à relever.

Des questions nouvelles pour les agronomes

Comment nourrir les 9 milliards d'habitants, que les démographes prévoient pour 2050 sur notre planète, alors qu'actuellement 850 millions sont sous-alimentés ? Comment le faire en réduisant de façon draconienne la consommation de pétrole ? Dans la seconde moitié du XXe siècle, en Europe et plus tard en Asie, les crises alimentaires ont été partiellement résolues grâce à des systèmes de culture de plus en plus consommateurs d'énergie fossile. Nous savons désormais qu'ils ne sont pas durables. Produire plus avec moins ; voilà un défi à l'intelligence[11]. Mais jusqu'où peut-on aller ? Si tout n'est pas possible, sans doute faudra-t-il alors envisager de partager les ressources ; voilà, cette fois, un défi à la solidarité.

Face à tous ces défis, les agronomes doivent exercer un regard critique sur l'usage qui est fait des ressources naturelles par les différents systèmes de culture pratiqués dans le monde. Ils ont la responsabilité d'initier la conception de nouveaux usages économes en ressources non renouvelables et valorisant au mieux les fonctions écologiques. Ils doivent faire prendre conscience aux citoyens et aux États de l'acuité des problèmes et de leurs responsabilités. Reliant, par les logiques techniques, l'usage de ces ressources écologiques aux choix de politiques, ils doivent aider à définir de nouveaux choix en fonction d'objectifs sociétaux. En reprenant les différents aspects sous lesquels nous avons abordé les formes de diversité d'agricultures, approfondissons ces défis.

Des illustrations pour la recherche, la formation et le développement sont proposées en encadré en fin de chapitre : « De la conduite des parcelles à la gestion d'un bassin de collecte, dans l'activité de recherche agronomique » ; « La prise en compte du développement durable dans l'activité des agronomes du développement » ; « De l'agriculture à la gestion du vivant, un défi pour les agronomes enseignants : l'exemple du baccalauréat technologique STAV dans l'enseignement technique agricole ».

Cultiver les différents écosystèmes

L'analyse qui a été faite plus haut du processus de détérioration des écosystèmes par l'agriculture intensive oriente les recherches vers de nouveaux systèmes de culture. Le forçage de l'écosystème vers le potentiel photosynthétique, grâce à des espèces et des variétés, sélectionnées à cette fin, et l'emploi, sans limites, des facteurs de croissance que sont les engrais entraînent, directement, une dégradation de la qualité des sols, des eaux et de l'air et une sous-utilisation de la capacité des microorganismes à capter

---

[10] Report of World Commission on Environmental Development. ONU, décembre 1987. A/42/427.

[11] Une proposition est une « révolution doublement verte » de M. Griffon. *In* Griffon M., 2007. Nourrir la planète. Éditions Odile Jacob.

gratuitement l'azote de l'air. Indirectement, ce forçage augmente la fragilité des plantes cultivées dont les rendements visés ne sont atteints que par l'emploi de pesticides ; ces derniers à leur tour dégradent la qualité des sols, des eaux et de l'air et érodent la diversité biologique.

Il faut trouver une autre cohérence dans la conduite des écosystèmes[12]. En visant d'emblée de moindres rendements par une économie de facteurs de production, on gagne sur plusieurs tableaux : (1) on réduit les charges que représentent ces derniers, (2) on a moins besoin de protéger la population des plantes cultivées de ses bioagresseurs, et (3) on peut mettre la biodiversité à contribution pour accroître la capacité des sols à fixer l'azote de l'air, réguler les antagonismes entre populations, valoriser des relations d'allélopathie... Encore faut-il entretenir cette diversité (et bien souvent la reconstituer) en restituant au sol une part plus ou moins importante de la biomasse produite, source d'énergie pour les microorganismes du sol, et en entretenant, en bordure de champ, des biotopes pour que s'y développent des populations auxiliaires, enfin en cultivant des associations d'espèces et de variétés. Quant à l'aménagement des terrains et à la configuration des parcelles, ils doivent intégrer des objectifs de gestion des flux biogé-ochimiques à l'échelle des paysages. Enfin, les bilans de matière appliqués aux écosys-tèmes cultivés doivent inciter à travailler sur le recyclage des matières fertilisantes entre ville et campagne pour économiser les engrais fossiles.

Au sein de ces grands principes, existe une diversité d'options, en fonction des objectifs de production, et du choix de valoriser une ou plusieurs fonctions écologi-ques. Parmi ces options, l'agriculture biologique occupe une place particulière[13]. Elle se définit avant tout par l'interdiction d'utiliser des produits chimiques de synthèse ; cette contrainte incite à mettre en jeu de nombreuses fonctions écologiques en rapport avec la biodiversité. Avantage de ce mode de culture : une certification relativement aisée à obtenir. Inconvénient : une sensibilité à l'aléa climatique et une grande variabilité des rendements. L'agriculture biologique se définit par des obligations de moyens, non de résultats. À côté, une gamme de possibilités existe qui, sous des qualificatifs nombreux, souvent peu explicites, se différencient par des objectifs de production et de préservation des ressources, ainsi que par des contraintes sur l'emploi des intrants. Elles sont, tout à la fois, objet de recherches empiriques ou profanes et de recherches scientifiques ; dans ce domaine, que de retard à rattraper sur des questions trop délaissées jusqu'à présent, notamment dans le champ des fonctions de la biodiversité !

Ainsi, au sein d'un même grand écosystème, existe une diversité de modalités cultu-rales en fonction des choix réalisés entre les multiples objectifs de production et de gestion des ressources naturelles. Les agronomes doivent aussi chercher des modalités adaptées à la diversité entre les grands écosystèmes, à leur potentialité de production, à leur fragilité. Selon les cas, la priorité sera à mettre sur l'économie de la ressource très limitante, comme l'eau dans les zones arides et semi-arides, sur l'entretien d'un couvert végétal mort ou vivant, mais permanent, pour éviter une dégradation rapide des sols en zones tropicales humides, ailleurs, sur la constitution et l'entretien de haies, de terrasses,

---

[12] On pourra se reporter au dossier coordonné par A. Capillon, 2006. Agriculture durable : faut-il repenser les systèmes de culture ? *In* Déméter 2006 ; et à l'article de B. Chevassus-au-Louis et M. Griffon, 2008. La nouvelle modernité : une agriculture productive à haute valeur écologique. *In* Déméter 2008.

[13] Savini I., 2008. Agriculture biologique. Encyclopaedia Universalis.

de zones tampon... Pour trouver des solutions adaptées à la diversité des écosystèmes locaux, les activités de recherche devront se rapprocher des situations concrètes et des savoirs pratiques locaux des acteurs de terrain.

Dans une perspective d'économie des énergies fossiles et de lutte contre le changement climatique, l'agriculture a désormais, avec la forêt, à prendre une part de la production d'énergie renouvelable et de la lutte contre l'effet de serre en fixant du carbone. Aussi la biomasse produite doit-elle se répartir entre alimentation humaine et animale, énergie utilisable, autres produits non alimentaires et restitution d'énergie et de matière à l'écosystème pour qu'il reste viable ; équilibre délicat à trouver dans une organisation des systèmes de culture et d'élevage diversifiés sur les territoires.

Sur la planète « co-habitent », au sein des nations et des régions, des systèmes de culture et d'élevage très productifs à l'hectare et, par effet de la concurrence, des systèmes peu productifs, dans les milieux pauvres, les pays peu accessibles ou dépourvus de capitaux. Il devient alors nécessaire de concevoir une valorisation, plus uniformément répartie sur la planète, de l'énergie lumineuse par la photosynthèse. En effet, réduire les intrants fossiles empêche d'atteindre les rendements à l'hectare des systèmes de culture intensifs ; comme il faut augmenter très sensiblement la production globale, les agronomes doivent rendre plus productifs tous les écosystèmes actuellement sous-utilisés ; une nouvelle organisation des systèmes de culture et d'élevage à trouver à l'échelle de la planète, adaptée aux différents milieux, pour mieux valoriser globalement l'énergie gratuite qui nous vient du soleil. Les défis pourront-ils être relevés ? Rien n'est moins sûr. Il est nécessaire de disposer de politiques partagées pour favoriser ces nouveaux modes de culture.

Aider à définir des politiques

Les agronomes ne peuvent cantonner leurs études et leurs actions aux seuls aspects techniques de la gestion productive des écosystèmes. Ils sont capables de comprendre la cohérence des actes techniques comme résultant, à la fois, de connaissances sur les écosystèmes et de situations d'action des agriculteurs. Ainsi, ils peuvent (et doivent) contribuer à comprendre les effets des politiques agricoles sur la différenciation des exploitations agricoles et leur fonctionnement pour en proposer d'autres éventuellement[14].

Une agriculture à la fois productive, économe en ressources non renouvelables et valorisant au mieux les processus écologiques a plusieurs fonctions : productrice de biens marchands, elle est aussi protectrice, voire génératrice, de biens communs comme la pureté de l'eau, la diversité biologique ou la qualité des paysages. Les politiques agricoles doivent reconnaître cette multifonctionnalité. Comment rémunérer ces biens communs et, comme ces multiples fonctions se combinent différemment entre elles selon les situations, comment adapter les politiques aux cas d'espèce ?

Les systèmes techniques qui se donnent des objectifs multiples de production et de préservation de la viabilité des écosystèmes sont souvent constitués d'un ensemble d'actions relevant de plusieurs niveaux de décision et mettent en jeu divers intérêts,

---

[14] P. Dugué insiste particulièrement sur ce point dans son chapitre « Ressources, acteurs et institutions : un environnement qui change » *In* Exploitations familiales en Afrique de l'Ouest et du Centre, Gafsi M., Dugué P., Jamin J.-Y., Brossier J. (eds). 2007. Éditions Quæ.

privés, collectifs, voire publics. Certaines actions portent sur les parcelles ou le territoire d'une exploitation et intéressent avant tout l'agriculteur. Par la baisse de charges que permet la réduction d'emploi des intrants avec une certification de « bonnes pratiques », l'agriculteur est susceptible de trouver dans le marché de quoi se rémunérer. En revanche, l'aménagement d'un réseau de haies, de fossés, de mares ou de cordons pierreux sur un versant pour réduire les risques d'érosion, l'installation de prairie pour restaurer la qualité de l'eau, la création et l'entretien de biotopes pour entretenir des pollinisateurs ou des auxiliaires des cultures présentent un intérêt collectif. Des dispositifs adaptés d'incitation et de financement sont alors à concevoir au niveau territorial concerné par les biens écologiques ainsi générés.

Dans les pays riches, des politiques spécifiques régionales ont été conçues pour rémunérer les activités agricoles là où l'agriculture, soumise à la concurrence du marché, aurait périclité ; c'est le cas, en Europe, de la politique pour les zones de montagne. Mais dans de nombreux pays du Sud, la politique de libéralisation des marchés à l'échelle mondiale, imposée aux États par les organismes internationaux de financement, les force à interrompre leurs soutiens aux agriculteurs. Le démantèlement des structures d'appui n'aide pas les petits producteurs à obtenir des rendements satisfaisants tout en gérant mieux les ressources naturelles. De plus, les prix des produits alimentaires sur le marché mondial reflètent les coûts de production des pays les plus compétitifs et les pressions exercées par l'Organisation mondiale du commerce (OMC) et les institutions financières internationales empêchent, ou à tout le moins font hésiter, les pays importateurs à prélever des droits de douane suffisants pour relever leurs prix intérieurs. Une aide internationale consacrée au financement des politiques agricoles au Sud serait nécessaire pour y développer une agriculture qui confère aux pays une certaine autonomie alimentaire et la préservation de leurs ressources naturelles. Plutôt que de s'y consacrer, les pays de l'Organisation de coopération et de développement économiques (OCDE) préfèrent s'en tenir à une politique d'aide alimentaire dont les effets sont parfois pervers.

À travers le monde, les écosystèmes cultivés présentent des potentiels et des caractères de viabilité bien différents. Pour nourrir la planète, tous les systèmes doivent y contribuer. Partant, il est nécessaire de concevoir et mettre en œuvre des politiques agricoles différenciées. La doctrine actuelle du libre-échange des produits agricoles devrait être révisée.

Proposer un nouveau paradigme

Les défis à relever donnent aux agronomes une place médiatrice entre le *logos* et le *nomos,* entre l'écologie et les sciences économiques et sociales ; avec la première, la question des ressources et de leur utilisation économe ; avec les secondes, celle de la régulation des échanges et la constitution de règles et de normes. Toujours en médiateurs, les agronomes sont bien placés pour rapprocher les agriculteurs des autres citoyens et la société de la nature. Car en fin de compte, c'est bien d'une révolution de la représentation des rapports à la nature qu'il s'agit. Un premier pas a été fait en passant de l'exploitation des ressources de la nature au souci de « respecter l'environnement », selon l'expression en usage ! Maigre progrès, à dire vrai, car, dans cette représentation, les hommes sont encore « au centre du système des choses qui gravitent autour d'eux... »[15]. Quand

---

[15] Michel Serres, 1990. Le contrat naturel. Éditions François Bourin.

donc prendront-ils conscience qu'ils sont au sein même des écosystèmes ? Et quand rentreront-ils dans un processus de « convivialité » avec la nature ?[16]

De la conduite des parcelles à la gestion d'un bassin de collecte, dans l'activité de recherche agronomique

La prise en considération des enjeux environnementaux, en particulier de la protection des ressources en eau, a mis en exergue une nouvelle échelle de travail, en l'occurrence le bassin d'alimentation de captage (BAC), délimité par l'hydrogéologie. En outre, la connaissance du système hydrodynamique est importante pour évaluer les modalités et les temps de transferts des contaminants vers la ressource en eau, et donc, les délais de réponse pour restaurer une situation dégradée. Cette latence géologique non modifiable constitue à la fois une contrainte vis-à-vis de l'obligation de résultats sur la ressource en eau (Directive Cadre européenne), et une ardente obligation à l'égard des générations futures : plus la latence est longue, plus nous devons rapidement corriger les tendances négatives. Enfin, la connaissance du système hydrodynamique situe la vulnérabilité de la ressource en particulier par rapport au climat et à sa variabilité : certains aquifères tamponnent les variations du climat, d'autres sont très exposés. Ces différents points sont importants pour négocier un objectif de qualité de la ressource (délai, teneur moyenne, teneur en année climatique défavorable).

L'organisation territoriale des systèmes de culture au niveau du bassin d'alimentation de captage, resituée dans son histoire et superposée aux terrains, explique l'évolution de la qualité de la ressource au fil du temps..., et constitue la clef pour la restaurer. Ainsi, nous pouvons maintenant hiérarchiser les divers systèmes de culture, des plus agressifs aux plus respectueux des ressources en eau, en particulier en pointant le rôle protecteur des prairies permanentes, sous réserve que leur chargement en parcelles pâturées et leurs fertilisations en parcelles fauchées soient modérées. De plus, en jouant un rôle tampon dans les bassins versants, les prairies permanentes ont un impact très positif sur la qualité des eaux. Ce point vient d'ailleurs d'être intégré à la Politique agricole commune européenne via la mise en place de bandes enherbées le long des cours d'eau européens comme mesure d'écoconditionnalité.

Gérer l'eau consiste alors à transformer les systèmes de culture et leurs localisations pour qu'ils soient plus respectueux de l'environnement. La future réorganisation spatiale des systèmes de culture, portée par les incitations à construire une « trame bleue » telle que le Grenelle de l'Environnement, poursuivra ces réflexions d'agronomes des parcelles à la « trame bleue ». L'agronome est donc conduit à rechercher l'organisation territoriale des systèmes de culture (OTSC) la plus pertinente pour atteindre l'objectif retenu pour la qualité de l'eau ; la solution idéale est de disposer d'une grille de risques et de pouvoir simuler l'impact de différents scénarios correspondants à différentes organisations territoriales des systèmes de culture sur la ressource ; ces connaissances sont disponibles pour certains contextes, pour l'évaluation des flux de nitrates, voire de phosphates ; c'est en revanche plus rare pour l'évaluation des risques liés aux phytosanitaires. Or, bien des bassins d'alimentation de captage sont confrontés à une double contamination, nitrates et phytosanitaires de plus en plus inquiétante.

Enfin, cette réorganisation territoriale des systèmes de culture dans les bassins d'alimentation de captage mobilise les exploitations agricoles dont les dynamiques spatiales, les choix techniques, les insertions dans les filières de vente et d'achat d'intrants sont à reconstruire. Des dispositifs collectifs, permettant de traiter ces dynamiques au sein de plus de 28 000 bassins d'alimentation de captage en France, sont maintenant à élaborer.

---

[16] Michel Sebillotte *op. cité.*

La prise en compte du développement durable dans l'activité des agronomes du développement

Le concept de durabilité est très présent dans les orientations des travaux de recherche et développement ; il est au centre des démarches territoriales, finalisées sur la préservation des ressources (eau, biodiversité) et sur la prise en compte des contraintes périurbaines. L'intégration de la durabilité interfère sur le choix des outils, des démarches et des pratiques professionnelles des conseillers.

Le développement durable dans les travaux de recherche et développement

La prise en compte de la durabilité dans les pratiques professionnelles des conseillers se concrétise par l'affirmation croissante du concept de système de cultures. Alors que seul le concept d'itinéraire technique faisait référence, la confrontation aux questions relatives à la pollution par les nitrates a conduit à réviser la gestion des intercultures, et, plus largement, à raisonner davantage au niveau de la succession de cultures ; l'évolution est confortée par la recherche de systèmes de cultures alternatifs.

Une autre évolution notoire concerne le changement de posture de l'agronome par rapport aux agriculteurs, dans le processus de recherche de références : l'ampleur des défis posés par le développement d'une agriculture durable, – la régression des phytosanitaires, l'indépendance énergétique, le réchauffement climatique –, fait que la mobilisation des connaissances des agriculteurs, et de leurs capacités à observer, est impérative. Par ailleurs, certains sujets, complexes, – l'organisation du travail, la gestion du pâturage, le travail du sol –, nous ont conduit à réfléchir à la création de groupes de partage d'expérience. L'heure est donc plus que jamais à la « co-construction » avec les agriculteurs, acteurs des changements ; en corollaire, la formation des agriculteurs au diagnostic agronomique, à la pratique du tour de plaine, voire du profil cultural devient un réel enjeu.

Parallèlement, nous avons conscience de l'importance de la modélisation pour éclairer les décisions stratégiques et tactiques des agriculteurs et répondre aux enjeux de la durabilité. En particulier, nous avons utilisé le modèle Stics-prairies, développé par l'Inra, pour évaluer le potentiel herbager, et sa variabilité interannuelle, en exploitations allaitantes : le diagnostic porté sur le système herbager, et sa durabilité (sécurité, souplesse, autonomie, reproductibilité) renforce en fait la nécessité de structurer le référentiel régional. Par ailleurs, les avertissements en agrométéorologie constituent une aide à la décision pour les agriculteurs, dans le pilotage des cultures (ou de la sole herbagère) : leur pertinence repose sur la densité du réseau de stations climatiques mais aussi sur les modèles disponibles, en particulier pour présumer des risques de développement des maladies.

Le développement durable des démarches territoriales

La prise en compte progressive des enjeux environnementaux, mais aussi l'émergence de zones périurbaines ou résidentielles ont conduit à une stratification territoriale, génératrice d'agroécosystèmes spécifiques.

Agronomes et hydrogéologues ont appris à travailler ensemble pour consolider leurs connaissances des mécanismes complexes, faisant référence simultanément au temps « rond », saisonnier, l'influence du climat de l'année, imprévisible, lourd de conséquences sur le système sol-plante, et au temps « long », pluriannuel, avec le transfert des contaminants vers les nappes.

La confrontation aux problèmes de pollution diffuse a conduit à délimiter l'espace avec de nouvelles clefs de lecture, l'hydrogéologie en l'occurrence : la notion de bassin versant s'est fortement affirmée. L'expérience acquise montre que la préservation durable de ces ressources renvoie à la nécessité de diagnostics très approfondis d'une part et de procédures de concertation locale et institutionnelle d'autre part.

...

...

Par ailleurs, les démarches doivent intégrer la diversité des enjeux identifiés et imbriqués sur un même espace.

Recherche et développement sont donc invités à imaginer des itinéraires méthodologiques pour élaborer, au sein de « collectifs pertinents », des projets territoriaux cohérents. C'est en mobilisant les acteurs sur une vision prospective que se dessine le projet territorial ; la clef de la pérennité du projet paraît liée à la gestion du foncier. Un obstacle majeur à l'intégration des questions environnementales par les agriculteurs est souvent liée à l'organisation du parcellaire, qui facilite ou complexifie l'organisation des chantiers.

La mise en place d'une agriculture multifonctionnelle, sur les territoires à forts enjeux agroécologiques, met aussi en relief la nécessité de réunir des conditions pérennes pour assurer la viabilité économique des exploitations.

Dans le développement, la prise en compte des territoires conduit à une différenciation des métiers centrés sur l'animation locale ou territoriale, avec la nécessité d'aider les agriculteurs, en régression numérique dans les instances de consultation et de décision, à faire entendre et reconnaître leurs points de vue. C'est là un enjeu stratégique pour préserver le lien social, composante de l'agriculture durable.

Les autres métiers du développement sont axés sur le conseil d'entreprise, qui exige probablement une plus forte intégration des critères de durabilité dans les démarches de diagnostic ainsi que l'appropriation de nouveaux outils, tel que le « schéma d'organisation territorial de l'exploitation ». Il reste qu'au niveau de la recherche et du développement, il faut concevoir des outils pertinents mais simples dans leur mise en œuvre ; concevoir aussi des outils adaptés aux exploitations, nombreuses, dotées de plusieurs ateliers de production ; concevoir des outils intégrant mieux les composantes économiques et sociales de la durabilité.

En conclusion

Ce n'est en effet qu'en prenant en considération la diversité et la singularité des territoires et de leurs enjeux et la diversité des exploitations et des exploitants qu'une politique de développement agricole durable peut être impulsée et animée.

Les trois regards sur l'espace rural, productif, périurbain et résidentiel, naturel, donnent les bases d'une stratification territoriale pertinente pour identifier, en croisant avec les « Pays », les nouveaux territoires du développement agricole. Les questions de recherche et développement sont inféodées aux contextes territoriaux ; les agronomes situés notamment en interface de la recherche et du développement ont une contribution à apporter à la mise en place d'agricultures différenciées (multifonctionnelle, périurbaine, productive...) en associant les agriculteurs dans la recherche de références et d'innovations. Par ailleurs, il faut créer des conditions pour qu'agronomes, zootechniciens, économistes, sociologues, issus et de la recherche et du développement, portent des regards croisés sur les questions posées afin d'améliorer la pertinence des réponses ; nous constatons trop souvent que la dimension économique en particulier est insuffisamment intégrée dans les démarches de recherche de références.

De l'agriculture à la gestion du vivant, un défi pour les agronomes enseignants : l'exemple du baccalauréat technologique STAV dans l'enseignement technique agricole

Le baccalauréat technologique Sciences et techniques de l'agronomie et du vivant (Bac STAV), mis en place à la rentrée 2006, concrétise le souhait des responsables et acteurs de l'enseignement technique agricole de donner une culture commune à l'ensemble de ses bacheliers se destinant aux études supérieures courtes (BTSA), quelle que soit la famille de métier envisagée.

L'enseignement technique agricole forme, à la rentrée 2007, 175 000 élèves et 30 000 apprentis, au sein de 850 établissements, publics et privés, sous tutelle du ministère de l'Agriculture et de la Pêche. De la classe de 4ᵉ au BTSA, les différentes formations se répartissent en quatre filières : la production, la transformation, l'aménagement et les services. L'accès au baccalauréat y est possible selon trois voies : voie générale (Bac S), voie technologique (Bac STAV) et voie professionnelle (Bac Pro).

Cette culture commune, à la fois scientifique, technologique et citoyenne, porte sur les objets identitaires de l'enseignement agricole : l'agriculture, l'espace rural, la gestion du vivant et l'alimentation. Sa mise en place n'a pas été sans que les enseignants s'interrogent sur la place de l'agronomie dans cette formation et sur le rôle qu'elle doit y jouer. Après tout, les « sciences et techniques agronomiques des productions végétales », déclinaison habituelle de l'agronomie dans l'enseignement technique agricole, font-elles partie de la culture commune au futur agriculteur, au futur commercial de la grande distribution alimentaire, au futur gestionnaire d'espace naturel, au futur technicien de l'industrie agroalimentaire ou encore au futur gestionnaire de services en milieu rural, et, si oui, à quelles conditions ?

La réponse à ces questions passe, pour l'enseignant, par une appropriation des nouveaux objets qui lui sont proposés, par le transfert sur ces objets de ses outils et démarches d'agronome, par la définition d'un nouveau cadre de collaboration avec d'autres disciplines, et, au final, par une vraie évolution didactique.

L'enseignant d'agronomie a une légitimité évidente à s'intéresser à la gestion du vivant et des ressources, notamment lorsque cette gestion est le fait de systèmes techniques agricoles et a pour fonction de produire des biens marchands. Mais on attend de lui ici qu'il se détache des seuls agrosystèmes et applique ses outils et ses démarches à une diversité d'écosystèmes gérés, des systèmes totalement artificialisés, souvent agricoles, aux moins anthropisés (espaces naturels protégés, etc.). On attend aussi de lui qu'il sache se positionner en aménageur, intégrant, à diverses échelles et à importances égales, toutes les fonctions des espaces et des territoires : production et autres services écologiques.

Ces espaces et ces territoires, justement, l'agronomie peut aider à mieux en comprendre la structuration, notamment à travers l'analyse des effets des systèmes agraires et de leurs évolutions, mais aussi par sa capacité à expliquer les logiques d'action des agriculteurs.

L'aliment devient une nouvelle entrée pour l'enseignant d'agronomie ; on ne lui demande plus de le considérer comme le simple prolongement de l'activité de production agricole, imposant parfois quelques contraintes aux processus de production, mais comme une finalité de ces processus, un vecteur majeur des attentes de la société vis-à-vis de l'agriculture, notamment en matière de manières de produire.

Plus globalement, l'enseignant d'agronomie, par sa longue habitude des approches systémiques, détient un savoir-faire précieux pour réaliser la synthèse des liens qui unissent gestion du vivant, produits alimentaires et territoires.

...

...

Enfin, et c'est nouveau, on attend de l'enseignant d'agronomie qu'il soit capable de s'associer avec son collègue enseignant de philosophie pour conduire, avec ses élèves, une véritable réflexion en termes d'éthique et de citoyenneté sur les questions de société relatives à la gestion du vivant et des ressources, les approches rationnelles, essentiellement biotechniques, de ces débats, dont il est coutumier, ne suffisant plus à en cerner tous les enjeux.

Tout cela, il ne peut le faire seul, et les termes de sa collaboration avec les autres disciplines sont souvent modifiés. Ainsi, le partenariat entre l'enseignant d'agronomie et son collègue écologue, passe du partage des objets et des outils – à l'agronome la parcelle cultivée, à l'écologue les bords de champs et les espaces naturels, à l'agronome les profils culturaux, à l'écologue les inventaires floristiques – à une association fine pour aborder différents écosystèmes au regard de leur degré d'anthropisation. Ce faisant, le trouble s'installe : lorsqu'il s'agit d'approcher des systèmes vivants en termes de flux et d'interactions, nombre de démarches et de méthodes sont partagées. Les techniques elles-mêmes, objets identitaires de l'agronome, ne peuvent plus constituer le repère auquel l'enseignant d'agronomie pourrait se raccrocher pour définir son champ d'intervention, quand elles s'éloignent des leviers habituels (forçage des systèmes par injection massive d'intrants et d'énergie) pour se rapprocher de modifications légères des interactions entre composantes des écosystèmes. Les mêmes interrogations peuvent être évoquées pour sa collaboration avec les sciences économiques et sociales, l'histoire et la géographie, lorsqu'il s'agit d'aborder des sujets tels que l'évolution des systèmes agraires, le paysage, l'exploitation agricole...

Tout cela exige de l'enseignant d'agronomie qu'il adapte significativement ses démarches didactiques traditionnelles. Si les entrées « milieu cultivé et parcelle » et « systèmes de culture et itinéraire technique » sont inopérantes à priori, du moins aux échelles auxquelles il a l'habitude de les aborder, ses démarches – approche systémique, diagnostic, approche des techniques et des pratiques en terme d'enjeux – restent sa force. Sa culture scientifique fondamentale, en principe fondée sur la connaissance du fonctionnement de systèmes vivants complexes et des techniques que l'homme leur applique, lui est précieuse. Il lui reste, et c'est plus difficile, à définir les frontières de son intervention au regard des autres disciplines, de l'écologie en particulier. Mais peut-on attendre cela de lui seul alors que la question fait largement débat au cœur de l'ensemble de sa communauté : celle des agronomes ?

Partie II

Nouvelle politique pour les agronomes

La prise en compte de la diversité des agricultures, de leurs dynamiques, des enjeux portés sur la place de l'agriculture dans l'avenir de la Terre, met les agronomes devant une évidence : l'agronomie est à un tournant de son histoire et les agronomes français doivent prendre aujourd'hui la mesure des changements à opérer pour que leur rôle dans la société soit reconnu et repositionné dans les prochaines décennies.

Car, au-delà des interrogations sur ce que doit être l'agronomie en tant que discipline scientifique, c'est l'ensemble des métiers de l'agronome et des dispositifs de recherche, de formation et de développement qui est à repenser. Cette diversité des agricultures pose aux agronomes des questions d'objets (des systèmes agraires aux actes techniques), de méthodes de travail (vers une revalorisation des approches comparatives ?), et enfin de finalité (cette diversité est-elle utile ?)

Diversité des agricultures : des questions pour les futurs métiers d'agronomes

Qu'ils soient chercheurs, enseignants ou conseillers, les agronomes sont directement interpellés et s'interrogent sur leurs fonctions et sur les manières de les pratiquer.

Une première série de questions porte sur la pratique du métier de l'agronome : les nouveaux objets et méthodes (pour la recherche, le développement et la formation) que les agronomes sont amenés à prendre en compte et utiliser, les nouvelles modalités de faire de la recherche, du développement, de la formation qui émergent ou devraient émerger pour prendre en charge cette nouvelle diversité, mais également les nouveaux systèmes de valeurs qui y sont associés.

Dans l'exercice de son métier, la prise en compte de la diversité des agricultures conduit également fortement à s'interroger sur les outils que l'agronome utilise : comment analyser et caractériser la diversité des agricultures et ses différentes fonctions ? Comment passe-t-on d'un modèle à un autre ? Quels outils, démarches et méthodes existent ou devraient être développés ? Comment agréger les critères de caractérisation de natures diverses (socio-économique, environnemental) ? Quels outils et démarches pour comprendre les attentes des différents acteurs (agriculteurs, consommateurs, citoyens, étudiants) vis-à-vis de cette diversité ? Quels outils et méthodes pour concevoir des systèmes et des pratiques innovantes et évaluer leurs effets sur la diversité des agricultures et de leurs fonctions ?

Par ailleurs, la diversité des agricultures renouvelle la question des partenariats et de la place de l'agronome dans les collaborations de travail : les partenariats entre la recherche, la formation et le développement pour faire face aux nouveaux enjeux, l'association des agronomes avec les autres métiers, le positionnement de l'agronomie par rapport aux autres disciplines, la place des différents acteurs de la société…

Enfin, face à la diversité des agricultures et des systèmes de valeurs qui y sont associés, la question des différentes postures que l'agronome peut (ou devrait ?) adopter dans son métier n'est pas à éluder : l'agronome doit-il se contenter d'éclairer les différents acteurs sur les différents effets économiques, sociaux et environnementaux des agricultures, des pratiques et des techniques (*ex ante* et *ex post*) ou doit-il s'engager plus avant dans la redéfinition et l'émergence de nouveaux modèles de développement agricoles ?

Toutes ces questions renouvellent les liens entre l'agronome et les groupes et sociétés humaines avec lesquels et pour lesquels il s'engage.

Les agronomes, dans leur diversité, ont un rôle important à jouer, à cette période de changement dans la société. Les différentes fonctions, qu'ils exercent, constituent un continuum favorisant la production agricole et agroalimentaire, tout en aménageant les territoires. Ces fonctions doivent être exercées dans le seul souci de répondre aux besoins sociétaux, ce qui n'exclut pas un engagement des agronomes. Ainsi, au-delà du débat essentiel sur les objets et les méthodes de l'agronomie, qui est abordé en fin d'ouvrage[17], il faut traiter ici plus particulièrement la question des fonctions de l'agronome et de ses différentes postures.

Fonctions de l'agronome

De nombreuses fonctions sont assurées par les agronomes dans les champs de la recherche, de la formation et du développement. Leur diversité rend d'ailleurs souvent difficile la délimitation du champ spécifique de l'agronomie.

Il semble utile de distinguer cinq grandes fonctions pour l'agronome. Bien entendu, ces fonctions se recoupent partiellement et il peut exister de nombreuses autres typologies. Celle-ci n'a pour but que de stimuler le débat autour des fonctions et postures de l'agronome. Elle permet de construire des ponts entre l'agronome et les autres technologues qui, comme lui, explorent le champ des techniques possibles, les diagnostiquent, animent des projets de développement pour les changer, et tentent de diffuser les connaissances acquises lors de ces tâches.

Exploration du champ des techniques possibles

Dès lors que l'on s'intéresse à la conception de techniques et de systèmes susceptibles de répondre au défi du développement durable, on est confronté à plusieurs enjeux : imaginer de nouveaux leviers technologiques ou organisationnels, évaluer les diverses conséquences, directes et indirectes, immédiates ou différées de la mise en œuvre de ces leviers (ou innovations) ; associer les acteurs dans une « co-construction » de ces systèmes et techniques afin de prendre en compte la diversité des préférences ou stratégies qui y sont attachées[18].

Ces enjeux peuvent être considérés comme contradictoires. En effet, c'est sur des systèmes et techniques déjà maîtrisés que l'on dispose en général des connaissances

---

[17] Différents points de vue sont non nécessairement contradictoires sur l'agronomie : écologie des systèmes cultivés ou cycle de vie des techniques en interaction avec les systèmes de production.

[18] Le sujet a été développé dans les IIIe Entretiens du Pradel en 2004. J. Caneill (coord.), 2006. Agronomes et innovations. L'Harmattan.

suffisantes pour mener à bien une évaluation multicritère et multiéchelle, mais les systèmes et les techniques seront par construction peu innovants. De même, associer les acteurs concernés à la construction des innovations facilite leur appropriation ultérieure, mais risque d'écarter des solutions en rupture pourtant potentiellement intéressantes.

Or, face aux challenges actuels, il est nécessaire que la recherche agronomique puisse mettre au point des techniques et des systèmes en réelle rupture avec ce qui existe et explorer leurs performances actuelles ou potentielles. Il faut donc pouvoir concevoir et évaluer des innovations qui ne soient pas nécessairement, à court terme, viables économiquement, écologiquement responsables ou socialement acceptables mais qui pourraient l'être sous certaines conditions. C'est une des responsabilités de la recherche d'ouvrir le champ des possibles, de proposer un éventail de solutions potentielles et d'identifier les conditions de leur mise en œuvre, sans préjuger de leur adoption.

En explorant un éventail très large de solutions ou d'innovations possibles, en explicitant les conditions optimales de leur mise en œuvre (même si elles apparaissent à priori peu intéressantes), et en prenant en charge les préférences actuelles ou à venir des acteurs, la démarche prospective semble de nature à faciliter cette identification et cette conception à priori d'innovations agronomiques (voir Encadré « Une nécessaire rupture conceptuelle dans l'élaboration des techniques et des systèmes agronomiques qui peut bénéficier d'une conjonction scientifique et technique favorable »).

L'agronome, par sa connaissance des objets techniques et de leur interaction avec les systèmes biologiques, est particulièrement bien placé pour y tenir un rôle prépondérant.

Une nécessaire rupture conceptuelle dans l'élaboration des techniques et des systèmes agronomiques qui peut bénéficier d'une conjonction scientifique et technique favorable

Au regard de l'intensification et de la diversification des demandes sociétales envers l'agronomie, une rupture conceptuelle dans la construction des techniques et des systèmes s'impose. Cette rupture est d'autant plus nécessaire que les conditions d'exercice de l'agronomie changent radicalement aussi bien en termes d'environnements pédoclimatiques que socio-économiques. Depuis le milieu des années 1990, chaque campagne présente des combinaisons climatiques originales auxquelles nous sommes peu ou pas préparés. Il en résulte que les « *packages* techniques » relativement normatifs sont de moins en moins adaptés. Ces « *packages* » au domaine de validité restreint génèrent même une frustration chez les agriculteurs et une méfiance des citoyens envers les pratiques agricoles considérées comme peu raisonnées. Pour certaines cultures (par exemple, protéagineux et oléagineux), l'inadaptation de ces « *packages* techniques » aux nouvelles conditions de production amène les exploitants à réduire leur investissement technique dans ces cultures conduisant à une stagnation des performances moyennes. Ce désinvestissement conduit à une perte de savoir-faire, à une baisse de la production et, au final, des surfaces. Ce phénomène s'observe alors que tous les éléments (connaissances scientifiques et techniques, outils de modélisation, matériel génétique...) sont disponibles pour permettre des performances, dans le contexte actuel, jusqu'à 30 % supérieures à celles observées. Il y a donc un double travail à faire : changer d'approche dans la conception technique et développer une communication adaptée vers les exploitants.

...

...

Face à ce contexte renouvelé de la pratique agricole, il est intéressant de noter une conjonction scientifique et technique favorable, mais encore à exploiter. Sur le plan scientifique, on assiste depuis une vingtaine d'années à la montée en puissance des analyses quantitatives du fonctionnement des organismes et des systèmes et de leur modélisation. Ces démarches arrivent maintenant à maturité dans le développement de leurs outils et concepts fondateurs. Par exemple, de véritables écoles de pensée en modélisation émergent. Ces groupes sont dynamiques et variés. Ils représentent une ressource encore à exploiter, tant leur dynamique reste déconnectée des questions opérationnelles de la profession. Ces communautés ont montré leur capacité à adapter leurs outils et approches à des contextes scientifiques éloignés de leur « cœur de métier ». Dans quelques rares cas, ces communautés ont contribué au développement d'outils opérationnels (par exemple, une méthode de pilotage de l'irrigation, Irrinov). Ces communautés se confrontent maintenant à d'autres domaines scientifiques comme celui de la génétique en développant, par exemple, des approches d'analyses quantitatives et de modélisation innovantes sur l'interaction entre le génotype et l'environnement. Un effort considérable doit encore être fourni pour valoriser les progrès énormes qui ont été faits sur la connaissance des génomes. Il faut dépasser la déception relative qui a suivi l'accès au séquençage des premières espèces « modèles » et l'absence d'applications immédiates de ce nouveau corpus de connaissances. Cette étape était indispensable. Il est nécessaire de poursuivre les efforts de recherche pour relier ces informations sur le génome à leur expression au travers des phénotypes des organismes, de leur diversité et de leur plasticité. Ces nouveaux efforts devraient permettre d'arriver à des applications opérationnelles de ce corpus de connaissances.

Par ailleurs, un intérêt nouveau des sciences « dures » pour le fait biologique se dessine depuis une dizaine d'années. Par exemple, le domaine de la biologie devient un champ d'exercice « noble » des mathématiques. Ce rapprochement devrait être un élément important de la nécessaire rupture par la confrontation de communautés avec des approches et des réflexes différents, mais complémentaires, face à une question technique. Le rapprochement entre ces communautés reste un exercice délicat. Elles doivent continuer à développer leur cœur de métier, tout en s'imprégnant significativement de la culture des autres communautés pour arriver à un dialogue efficace. Enfin, on observe une démocratisation des techniques d'acquisition et de gestion d'informations massives au travers de la mise au point et de la diffusion de capteurs physiques à faible coût (par exemple, climatiques), des outils de déploiement et de gestion de grandes bases de données et de technologies permettant la mise en place de réseaux souples (téléphonie portable ou wifi) de plusieurs dizaines, voire centaines de capteurs physiques et biologiques. Ce possible accès à une information massive, spatialisée et en temps réel, principalement sur l'environnement physique, n'est pas encore complètement exploité. Ces approches applicables à de petites échelles spatiales avec une caractérisation intense des systèmes pourraient être complétées par une visualisation directe de la variabilité spatiale aux grandes échelles (km^2) avec les images satellitaires.

Face à cet environnement, favorable et en rapide évolution, en réponse à des développements technologiques importants dans d'autres domaines d'activité, on ne peut que constater une certaine timidité dans l'exploitation des connaissances et des modèles scientifiques pour les adapter au contexte de la production avec une activité de recherche-développement de haut niveau. Nous souffrons d'un déséquilibre structurel entre les investissements dans la recherche et ceux dans la recherche-développement. Les acteurs techniques de l'agronomie ou les prescripteurs ont souvent le réflexe de se tourner vers la recherche publique pour poser leurs questions de développement. Ce réflexe est symptomatique de ce déficit de force de frappe en recherche et développement capable d'exploiter les résultats scientifiques et de les adapter à des contextes

...

techniques et socio-économiques spécifiques. Nous devrions promouvoir une cascade d'acteurs allant de la recherche à l'acteur du terrain avec une forte diffusion de la culture afférente aux approches quantitatives et à la modélisation et une forte pluridisciplinarité. Nous devrions faire disparaître de notre paysage agronomique l'image de l'ingénieur chargé du développement technique agricole écrasé par la charge du suivi de réseaux de parcelles et de la collecte de données et qui n'a plus ni temps, ni énergie à consacrer à l'intégration des progrès scientifiques et techniques dans sa démarche et son expertise. Cette situation est révélatrice d'une rupture dans le continuum entre la recherche et la pratique agricole et du fossé qui se creuse entre ce que nous savons et ce que nous appliquons. Si comme on l'affirme, l'activité agricole est à nouveau stratégique, après une brève éclipse, il est de notre devoir de renforcer la recherche agronomique, mais surtout de promouvoir un secteur de recherche-développement à la mesure des enjeux avec une grande diversité de structures (recherche publique et privée, organismes publics, grandes entreprises et *startup*). Cette diversité permettra d'augmenter la robustesse de ce réseau de création de connaissances et d'outils opérationnels face à une diversité croissante des contextes de la production agricole.

Évaluation et diagnostic des systèmes, pratiques et techniques

La compréhension du fonctionnement des systèmes agricoles, l'évaluation de leurs performances techniques, écologiques, économiques et sociales, et l'identification des voies d'amélioration (ou des facteurs limitants) constituent une tâche essentielle de l'agronome.

Dans ce cadre, la question de la valeur (ou des performances) des agricultures, des systèmes techniques, et celle de notre capacité à l'apprécier sont essentielles. La tâche est difficile car, dans la perspective du développement durable, l'évaluation des effets économiques, sociaux et environnementaux des systèmes et des pratiques agricoles nécessite de passer d'une approche incrémentale (fondée essentiellement sur les effets directs) à une approche systémique et dynamique de l'évaluation qui prenne en compte de nouvelles échelles spatiotemporelles et des critères de performances élargis. Par ailleurs, ces critères d'évaluation, et les indicateurs associés, doivent être définis non seulement à partir des connaissances produites par la recherche mais également en prenant en compte les savoirs, les savoir-faire et les attentes, qu'elles soient considérées comme fondées ou non, des différents acteurs concernés. Enfin, l'assemblage des différents critères à des fins de décision publique doit laisser place aux préférences, forcément contradictoires, de différents acteurs de la société. L'évaluation doit donc être multicritère, multiéchelle et multiacteur. Elle doit aussi être dynamique, c'est-à-dire être actualisée en fonction des évolutions du contexte et des systèmes de production.

Un tel processus continu et itératif d'évaluation serait probablement de nature à faciliter une approche de gestion durable des systèmes agricoles et des techniques associées. Ces différents éléments illustrent le véritable challenge que représente la construction d'un nouveau système de décision publique qui renouvelle entièrement les rôles respectifs des pouvoirs publics, des scientifiques et des différentes composantes de la société.

Dans ce processus d'évaluation continu et itératif, deux niveaux peuvent être utilement distingués :
– une caractérisation « à froid », distanciée, très large et menée indépendamment d'une finalité particulière, des propriétés et performances des systèmes techniques ;
– une évaluation « à chaud », plus immédiate, de ces propriétés ou performances en tenant compte d'une finalité ou d'un contexte particulier.

On considère en général que l'on ne peut raisonner sur la diversité des agricultures sans finalité, sans projet, mais il y a une étape, un temps sur lequel il faut qu'on puisse caractériser les propriétés sans qu'on ait un projet. L'évaluation, *in fine,* se fait en fonction de finalités, mais sans caractérisation large, il y a risque de généraliser des résultats ou de laisser de côté des propriétés ou des critères qui, dans d'autres contextes, pourraient devenir prioritaires (voir Encadré « L'expérimentation système : un outil pour une démarche de conception et d'évaluation de systèmes agricoles innovants »).

Enfin, cette fonction remet en perspective les compétences des agronomes à l'observation, tant des systèmes techniques que des écosystèmes qu'ils transforment. Ces observations induisent aussi leurs mémorisations, sous forme de base de données, pour permettre des comparaisons dynamiques.

L'expérimentation système : un outil pour une démarche de conception et d'évaluation de systèmes agricoles innovants

Qu'est ce qu'une expérimentation système ?

Un processus expérimental visant (1) à modéliser le pilotage d'un système de production. Il s'agit de définir, à partir de connaissances explicitées, les règles stratégiques et opérationnelles de conduite adaptées à la mise en œuvre d'un projet finalisé, (2) à valider ces règles par un test pluriannuel et en situation contrôlée du fonctionnement de ce système, notamment la mise en œuvre des règles, l'évaluation multicritère du système biotechnique (Dedieu *et al.*, 2002. cf. Designing a livestock system integrating rearing and environmental concerns: contribution of a system experiment in meat sheep production. IXe Rencontres Recherches, Paris, France, 4-5 decembre 2002).

L'expérimentation système se définit en référence à l'approche systémique d'une activité productive, dans ses dimensions humaines, techniques et biophysiques. L'échelle de temps pluriannuelle permet d'explorer des interactions temporelles (arrière-effets, boucles de rétroaction) tant biotechniques que décisionnelles. Elle permet également d'étudier les propriétés régulatrices du système étudié avec l'occurrence d'aléas (climatiques notamment). L'évaluation porte sur les plans (1) agronomiques (et zootechniques le cas échéant) et environnementaux, moyennant une forte instrumentation, décrite par Meynard *et al.* en 1996 (*cf.* Évaluation expérimentale des itinéraires techniques. Comité potentialités/DERF/ACTA, Paris, France) dans le cadre d'essais portant sur les systèmes de culture), (2) décisionnels, via l'analyse de l'écart entre décisions prévues lors de la conception du pilotage et celles finalement arrêtées au fur et à mesure du déroulement de l'expérimentation, (3) pratique, via une analyse de la faisabilité matérielle, humaine et économique de leur mise en œuvre.

Dans quel cadre sont mises en œuvre des expérimentations système ?

Les démarches de prototypage de systèmes de production consistent à mobiliser trois méthodes complémentaires : modélisation, expérimentation, enquêtes auprès des partenaires (développement agricole, agriculteurs). Au sein de cette démarche, les systèmes

...

...

conçus et jugés les plus pertinents à partir d'une évaluation *ex ante* assistée par modélisation ou formulés à partir d'une expertise explicite (le plus souvent pluridisciplinaire), pourront être testés en grandeur nature en milieu contrôlé. Cette démarche a été mise en œuvre à des fins de conception (1) de systèmes de cultures, tels que pour la gestion de la fertilisation azotée dans les systèmes de grandes cultures (Meynard *et al.*, 1997. cf. Nitrogen fertilization of annual field crops. Maîtrise de l'azote dans les agrosystèmes, Reims, France, 19-20 novembre 1996) et (2) de systèmes d'élevage, tels que les systèmes d'élevage d'ovins pour la production de viande intégrant des préoccupations environnementales (Dedieu *et al.*, 2002. 9ᵉ Rencontres Recherches Ruminants, Paris, France, 4-5 décembre 2002). Elle est actuellement testée dans le cadre du prototypage de systèmes durables de polyculture-élevage de bovins laitiers (Coquil *et al.*, 2007. cf. Farming Systems Design 2007, Donatteli M., Hatfield J., Rizzoli A. (eds), 10-12 septembre 2007 ; Catania, Italie). La méthode d'évaluation *ex ante*, appliquée à l'évaluation d'exploitations commerciales, mettant en œuvre des systèmes de production potentiellement innovants, dans des modalités différentes de celles utilisées dans le cadre de l'expérimentation système, peut permettre d'accélérer le processus de prototypage de systèmes techniques.

À quoi sert une expérimentation système ?

Une expérimentation système permet de tester des systèmes originaux fortement en rupture du point de vue des objectifs à atteindre, (1) car la prise de risque est acceptable dans un cadre expérimental et (2) parce que la mise en œuvre en milieu contrôlé, adossée à une instrumentation portant à la fois sur le détail de processus décisionnels et sur le suivi fin des processus biotechniques, doit permettre de caractériser et comprendre le fonctionnement dynamique du système. L'expérimentation système est un outil expérimental d'intérêt afin de détecter des lacunes de références techniques, ou plus généralement de systèmes d'information utiles pour l'action ; elle apporte des éléments de validation ou de paramétrage de modèles d'évaluation *ex ante* des systèmes.

Animation et accompagnement de projets de développement

Les agronomes sont régulièrement des acteurs clefs dans les projets de développement agricole. C'est même peut-être leur fonction historique. Leur capacité d'intégrer ou d'assembler des techniques dans des objectifs de production agricole, de biens environnementaux ou de services socio-économiques les rend particulièrement présents.

Historiquement, les agronomes ont œuvré dans le cadre d'un partenariat proche du monde agricole : agriculteurs, structures de développement, prescripteurs, chercheurs, pouvoirs publics. Soulignons l'importance des nouveaux venus dans les projets de développement : les animateurs des structures non agricoles comme les agences d'urbanisme, les communautés d'agglomération, les parcs naturels régionaux, les syndicats mixtes d'aménagement, les organisations non gouvernementales (ONG)...

Leurs questionnements interpellent fortement l'agriculture, et une nouvelle conception de l'aménagement de l'espace se dessine depuis quelques années. La question de la gouvernance entre tous les organismes qui interviennent sur le territoire agricole, et de la place que l'agronome doit y prendre, devient cruciale (voir Encadré « Le fonctionne-ment en équipe-projet pour animer un projet de développement territorial. Illustration en Val-de-Saône »).

Une autre tendance lourde est la nécessaire prise en compte des potentialités du milieu dans une période de renchérissement des intrants et des matières premières. Ce « retour des facteurs du milieu » induira le développement de nouveaux systèmes techniques plus partenaires qu'antagonistes de la nature.

Le fonctionnement en équipe-projet pour animer un projet de développement territorial. Illustration en Val-de-Saône

La plaine alluviale de la Saône revêt deux enjeux environnementaux majeurs : ressources en eau et biodiversité ; l'agriculture subit en outre les contraintes liées aux inondations, avec une priorité donnée à la protection des lieux habités ; elle se confronte aussi à la pression foncière résultant de l'extension périurbaine et des axes de transports. Depuis 1989, la chambre d'Agriculture est impliquée pour aider les agriculteurs riverains à prendre en considération les enjeux environnementaux. La chambre d'Agriculture anime une démarche territoriale, « Cultivons l'eau potable en Val-de-Saône » ; elle préside le comité de pilotage, structure fédératrice rassemblant les acteurs locaux et institution-nels, et lieu de concertation et de confrontation des points de vue. La dynamique repose beaucoup sur un fonctionnement en équipe de projet.

Le Président, élu agricole, a un rôle politique prééminent, visant simultanément à défendre les intérêts des agriculteurs mais aussi à les convaincre d'intégrer les attentes sociétales des partenaires. Ce rôle de médiation entre deux mondes, l'environnement et l'agriculture, difficile à assumer, nécessite de développer des stratégies d'alliance, en particulier avec les collectivités territoriales et l'Inra.

L'animateur, outre le fait de travailler en synergie avec le Président, a également un rôle clef, essentiel, de mise en réseau des acteurs. C'est une mission qui requiert en fait de multiples compétences et aptitudes, assurance et expérience.

L'animateur doit être en mesure de prendre appui sur des experts : l'hydrogéologue, l'agroécologue, l'agronome expérimentateur ou chercheur, voire le juriste. Il doit maîtri-ser les démarches de diagnostic à plusieurs niveaux imbriqués, allant du bassin versant à la station culturale, sans oublier l'exploitation. Donc une solide formation d'agronome généraliste pour questionner les experts et être crédible auprès des agriculteurs.

Le même animateur a aussi pour mission de créer puis d'animer différents collectifs, locaux (agriculteurs, municipalités, syndicats des eaux, ...) et institutionnels (DDAF, DDASS, Diren, agences de l'eau, ...), par thématique, eau, biodiversité, inondation. L'animateur, pour mener à bien le projet, assure la coordination entre les collectifs et crée des rencontres pour des mises en discussion ; il exerce donc une fonction d'organisation et de vigilance dans la conduite du projet.

Pour assumer cette mission exigeante, l'animateur territorial prend donc appui sur une équipe : un agronome et un agroécologue, qui ont chacun investi dans la structuration du référentiel agronomique relatif aux problématiques de pollution diffuse et de gestion de milieux écologiques ; ils font autorité auprès des réseaux de conseillers et de pres-cripteurs. Par ailleurs, l'animateur bénéficie d'une assistante pour assurer l'ingénierie financière ainsi que la communication, autres composantes importantes du projet ; il fait appel aux experts juridiques et fonciers en cas de besoin.

...

> ...
>
> Au-delà du Val-de-Saône, dans la perspective de renforcer ses capacités d'animation et de médiation, la chambre d'Agriculture a mis en place un cycle de formation, intervention et expérimentations avec le Groupe d'expérimentation et de recherche développement et actions localisées (Gerdal), finalisé sur l'acquisition de démarches de recherche « co-active » avec des groupes locaux. Une dizaine d'agents, tous confrontés aux problématiques environnementales, se sont investis durant deux ans dans l'apprentissage des méthodes et des postures visant à valoriser les forces vives potentielles des groupes locaux. L'initiative a été motivée par la conviction profonde que seul un croisement entre les connaissances scientifiques et techniques, évolutives, et les savoir-faire empiriques des agriculteurs est en mesure de répondre aux interrogations et aux enjeux posés par le développement durable. Ce cycle de formation trouve tout son intérêt pour accompagner acteurs locaux et institutionnels dans les démarches de prospective territoriale. Toutefois, l'arsenal réglementaire croissant et la culture dominante, bien qu'hétérogène, des administrations – attachées au schéma descendant plus qu'à la « co-construction » avec les acteurs locaux –, ainsi que l'insuffisante coordination entre organismes institutionnels, constituent de réels freins au développement de projets territoriaux cohérents et pérennes intégratifs des différents enjeux.

Expertise auprès des décideurs

Il a été souligné, à propos de la fonction d'évaluation et de diagnostic des systèmes, pratiques et techniques, l'importance de distinguer une caractérisation « à froid » des performances ou des conséquences de l'adoption d'une innovation ou d'une pratique de son évaluation en fonction d'une finalité ou d'un contexte particulier. Cette clarification est particulièrement utile dans le contexte de l'aide à la décision publique et de l'expertise collective. En effet, dans ce cas, les comités d'experts formulent souvent un avis global qui oriente directement la décision publique, notamment dans le cas des procédures d'autorisation de mise sur le marché d'innovations (pesticides, OGM). Or, l'expertise est multicritère et multiéchelle. L'assemblage des différents critères relève de préférence des acteurs de la société et il n'appartient pas à l'expert, mais au politique, d'instruire cet assemblage. Par ailleurs, l'expertise est souvent incomplète, dans la mesure où les connaissances actuelles ne permettent pas de renseigner l'ensemble des questionnements soulevés. Ainsi, alors que le politique attend souvent de l'expert une position relativement tranchée, il importe au contraire d'expliciter ce que l'on sait et ce que l'on ne sait pas, de mettre en évidence les éventuelles divergences entre critères d'évaluation. Cela suppose qu'il y ait en complément une véritable instruction politique de l'expertise. L'agronome est aussi appelé pour une expertise plus ciblée en aidant une structure de développement ou un décideur à élaborer, mettre en œuvre ou évaluer des programmes d'appui au secteur agricole ou rural (voir Encadré « L'expertise des agronomes mobilisée par les décideurs du développement au Nord du Cameroun »).

Dans ce contexte, l'agronome a un rôle essentiel à jouer. Outre sa capacité à intégrer des connaissances provenant de disciplines diverses, c'est surtout par sa vocation à resituer l'impact d'une innovation, d'une technique ou d'une pratique dans le contexte des systèmes biotechniques et socio-économiques dans lesquels elles seront mises en œuvre, qu'il apporte une réelle valeur ajoutée.

*L'expertise des agronomes mobilisée
par les décideurs du développement au Nord du Cameroun*

Dans les pays en voie de développement comme le Cameroun, le désengagement des États limite les capacités des structures publiques à élaborer des programmes de développement rural, à les évaluer ou plus globalement à apporter des éléments objectifs permettant d'orienter les décisions politiques. Les agronomes des institutions de recherche sont dans ce contexte souvent appelés pour participer à ces tâches. La recherche agricole a été de fait moins affectée par les programmes d'ajustement structurel et elle constitue toujours une force de proposition active s'appuyant sur des expériences de terrain et des réseaux de chercheurs internationaux. L'agronome, considéré alors comme un expert, met ses connaissances et son expérience à la disposition des acteurs du développement rural (ministères, projets ou sociétés de développement, bailleurs de fonds). Ce fut le cas pour plusieurs chercheurs agronomes camerounais et français qui ont été sollicités pour (1) participer au montage d'un programme régional de développement rural pour le compte du gouvernement camerounais et l'Agence française de développement en 2004 et (2) orienter les choix techniques et méthodologiques d'un projet de développement « eau, sol, arbre » visant un accroissement de la production en améliorant les gestions de ces ressources naturelles en 2003.

Un des objectifs de ce programme régional de développement du Nord Cameroun était d'amener les communes rurales, nouvellement créées, à collaborer avec des opérateurs de développement agricole habituels dans cette région : les groupements de producteurs, les fédérations et groupements d'intérêt économique, la Société de développement du coton du Cameroun (société publique, Sodecoton)... Pour cet exercice de programmation, il avait été demandé aux agronomes d'élaborer des propositions d'intervention dans les domaines qu'ils jugeraient les plus pertinents ainsi que les références technico-économiques nécessaires à l'évaluation socio-économique et environnementale du programme. Dans une première phase, ces propositions ont été soumises aux acteurs du développement régional afin qu'ils les discutent, les amendent et les hiérarchisent. Les agronomes experts ont eu ensuite la lourde tâche d'arbitrer entre les différentes sensibilités (production agricole, développement des exploitations plus pauvres) ce qui requiert une bonne connaissance du terrain et des acteurs. Cet exercice de programmation devait répondre aux attentes suivantes émises par les bailleurs de fonds :

– mobiliser un nombre important d'acteurs économiques (agriculteurs, commerçants, firmes, ...) afin de faire émerger ou de faciliter des dynamiques de développement ;

– intéresser le plus grand nombre sans marginaliser une partie de la population (équité) ;

– limiter les externalités négatives du point de vue environnemental pouvant survenir suite à la mise en œuvre des activités retenues.

Cet exercice a été réalisé en peu de temps et de façon participative. Le choix final des axes d'intervention dépend en fait beaucoup de la perception que l'équipe d'experts a de la capacité des acteurs rencontrés à mettre en œuvre les activités que l'on a programmées avec eux. Concrètement, les agronomes ont eu peu de temps pour affiner leurs propositions en prenant par exemple en compte la diversité des exploitations agricoles et des situations agraires.

Le second cas d'expertise s'inscrit dans un partenariat ancien entre la recherche agricole et la Sodecoton. Cette société publique sollicite régulièrement des chercheurs de disciplines diverses en fonction des contraintes rencontrées par les agriculteurs, de l'apparition de phénomènes mal expliqués, etc. Elle complète ainsi sa propre capacité d'analyse et de diagnostic. À mi-parcours du projet « eau, sol, arbre », la Sodecoton voulait avoir un avis sur les orientations et choix techniques retenus par ce projet en

...

...

matière de gestion de l'eau pluviale (aménagement, travail du sol) et de la biomasse végétale en interaction avec les systèmes d'élevage. Pour cela, il avait été fait appel à deux agronomes ayant une connaissance approfondie de ces thématiques et des zones de production cotonnière en Afrique subsaharienne où les mêmes questions se posent. L'expertise demandée était de plus courte durée – deux semaines de terrain – et d'une autre nature que celle précédemment évoquée :

– les agronomes étaient mandatés pour montrer les limites du projet surtout pour ce qui concerne les choix techniques et en conséquence devaient faire des propositions alternatives ou complémentaires ;

– ils n'étaient pas en mesure de décider ou d'arbitrer des choix comme dans le cas précédent mais seulement d'orienter les décisions futures de l'équipe du projet ;

– leur rôle était donc plus circonscrit, mais ils demeuraient d'une certaine façon coresponsables des choix qui auront été faits suite à leur expertise, dans la mesure où certaines de leurs propositions ont été retenues.

Dans ce cas, le travail d'expertise est « cadré » ce qui a pu en limiter l'intérêt pour les différents acteurs dont les agronomes. Par exemple, la vulgarisation des techniques de recyclage des résidus de récoltes (pailles de céréales, tiges de cotonnier) aurait dû se concevoir dans un cadre plus global que celui de la formation des producteurs. Elle implique de travailler sur les méthodes de concertation entre les utilisateurs actuels ou potentiels de ces résidus (petits agriculteurs commercialisant les pailles, agroéleveurs, paysans adoptant des techniques de culture sur couvert végétal, etc.). Ceci aurait pu amener le projet à s'interroger sur son dispositif d'accompagnement des agriculteurs et sur la prise en compte de toutes les parties prenantes, en particulier des éleveurs transhumants.

Dans ces deux cas concrets d'accompagnement du développement agricole, l'agronome, surtout s'il est chercheur, est confronté à d'autres façons de faire. Le temps de l'observation, de la compréhension fine dans la durée et de l'expérimentation, habituel au monde de la recherche ou du conseil à la profession n'est pas compatible avec celui de l'expertise. Les échelles de travail diffèrent également, l'agronome travaille habituellement sur des espaces limités en surface et en nombre et qu'il connaît parfaitement. L'expert doit donner un avis pour des territoires beaucoup plus vastes dont il ne connaît pas en détail la diversité de situation. La capacité d'intégration des connaissances des agronomes est apparue intéressante dans ces deux situations dans la mesure où ils ont dépassé l'échelle de la parcelle cultivée pour s'intéresser aussi aux conditions de mise en œuvre des innovations et aux coordinations entre différents acteurs. Pour l'agronome, l'expertise est souvent considérée comme une intervention ponctuelle et donc peu valorisante. Mais lorsque les opérateurs de développement et les décideurs font appel à des chercheurs travaillant déjà dans leur région d'intervention, il est assez aisé de combiner expertise et recherche et donc d'enrichir mutuellement ces deux types d'activités.

Transmission des savoirs agronomiques

Les agronomes ont en charge la transmission des savoirs agronomiques à ceux qui, *in fine,* en feront usage. L'évolution du rôle et de la place de l'agriculture évoquée plus haut affecte donc directement leur activité. Ainsi, ils ont été invités, par les professionnels bien sûr, mais aussi par la société qui les mandate, de passer de la transmission, aux futurs agriculteurs et autres acteurs de la production, d'une norme, d'un modèle d'action unique, à une formation à la diversité des agricultures.

Ils doivent donc enseigner les outils nécessaires à l'analyse et à la compréhension de cette diversité, et préparer les élèves et étudiants à l'action dans ces conditions. Outre les difficultés méthodologiques qui tiennent à la mise en œuvre de typologies et de grilles d'analyse, ils se trouvent immanquablement confrontés à la question des choix. Ils ont su trouver une partie de la réponse dans la mise en avant de l'approche systémique et de l'analyse en termes d'enjeux des techniques et des pratiques. Mais, et c'est moins facile, cette question amène aussi l'enseignant d'agronomie à rechercher des collaborations auprès d'autres disciplines pour explorer l'ensemble du système de valeurs qui sous-tend le choix d'un « type d'agriculture », notamment dans ses dimensions liées à l'éthique, à la citoyenneté… Le formateur se trouve lui-même conduit à s'interroger sur la manière dont il doit, dans son activité professionnelle, concilier convictions personnelles et neutralité déontologique.

Au-delà de cette question de la diversité des agricultures, l'agronome-enseignant voit sa fonction bouleversée par l'évolution des demandes que la société lui adresse (voir Encadré « L'enseignement de l'agronomie dans les lycées agricoles : les grandes étapes et les enjeux pour la formation des enseignants »).

Ainsi, les besoins en savoirs agronomiques sortent largement du seul champ de la production agricole et font jour, par exemple, dans le domaine de l'aménagement paysager, sommé à son tour de se soucier de ses impacts environnementaux, ou encore dans le domaine de la gestion et de la valorisation des ressources et des espaces naturels.

Plus largement, par leur capacité à expliquer comment les aliments sont produits et comment l'agriculture utilise l'espace et les ressources, les savoirs agronomiques deviennent des outils de compréhension utiles à l'ensemble des acteurs de l'espace rural et de l'agroalimentaire, voire d'un plus large public encore, consommateurs et usagers de cet espace rural. De ce fait, la place d'un corpus de savoirs agronomiques dans le socle commun de l'ensemble des élèves et étudiants de l'enseignement technique agricole, quelle que soit la famille de métiers à laquelle ils se préparent, se trouve-t-elle légitimée.

Une des évolutions, pour l'agronome-enseignant, est d'adapter ses savoirs à de nouveaux objets et de travailler sur de nouvelles échelles de temps et d'espace. Mais il doit également s'interroger, dans ce contexte, aux contours de sa discipline, en particulier dans ses frontières, avec d'une part l'écologie qui théorise les fonctionnements des organismes dans leurs habitats, et d'autre part, les sciences de gestion qui interrogent les changements techniques dans les sociétés complexes.

**L'enseignement de l'agronomie dans les lycées agricoles :
les grandes étapes et les enjeux pour la formation des enseignants**

L'enseignement de l'agronomie dans l'enseignement technique a toujours dispensé des savoirs scientifiques et techniques contextualisés. De fait, cet enseignement est en permanence à la croisée de plusieurs facteurs contextuels d'adaptation : l'évolution des conceptions de la discipline portées par des grands agronomes, l'évolution de la politique agricole, plus généralement l'évolution de la société.

Les traits d'évolution de cet enseignement peuvent être distingués en trois étapes, tout en sachant qu'aucune de ces étapes ne fait disparaître la précédente.

...

...

Les étapes de l'évolution de cet enseignement

Les années 70 et le début des années 80. On peut considérer que l'enseignement de l'agronomie, dans le contexte d'une agriculture marquée par la recherche de productivité, est une agronomie de production. L'enseignement est alors centré sur l'objet parcelle ou groupe de parcelles, décrits dans des états successifs. Les concepts centraux sont ceux d'élaboration du rendement, d'itinéraires techniques, de système de culture. Sur le terrain, les enseignants d'agronomie, dans le dialogue avec les agriculteurs, et dans la mouvance des recherches de l'Inra sur le comportement des agriculteurs, ont le souci de ne pas adopter une attitude normative mais d'entraîner les élèves à comprendre comment l'agriculteur prend ses décisions, quels sont ses objectifs et les réseaux d'atouts et de contraintes de l'exploitation. Autrement dit, il s'agit d'une agronomie contextualisée par le cadre de l'exploitation dont on doit prendre en compte le fonctionnement. Les principales collaborations interdisciplinaires se font avec les enseignants de zootechnie et d'économie dans le cadre d'une approche globale de l'exploitation agricole.

On trouve un enseignement d'agronomie dans toutes les filières de production. Il est très peu présent en revanche dans les nouvelles filières de formation liées aux préoccupations de préservation de la nature ou d'étude du milieu.

Les années 1985-1995. Une préoccupation environnementale est introduite dans toutes les filières de formation, sous l'effet des mesures agroenvironnementales communautaires. On parle alors des pratiques agricoles respectueuses de l'environnement ; un bac technologique « sciences et technologie de l'agronomie et de l'environnement » est par ailleurs créé en 1993.

Une question centrale a en effet surgi progressivement, celle de la pollution des eaux souterraines par les nitrates. Elle constitue un puissant facteur d'évolution de l'enseignement de l'agronomie par ses deux conséquences :

– désormais il faut sortir de la parcelle, et investir d'autres échelles d'études tels que les bassins versants. C'est l'époque où l'on se rend compte que le périmètre de l'action technique (la parcelle) ne se superpose pas à celui de ses conséquences en termes d'environnement ;

– de nouveaux acteurs, au-delà des agriculteurs, sont concernés dans les territoires ruraux par ces questions de qualité de l'eau (citadins, collectivités territoriales, associations…). Le territoire devient une échelle primordiale pour penser les actions techniques sur la parcelle et l'exploitation.

D'une agronomie de la production, on passe à une agronomie des territoires qui doit prendre en compte des niveaux et des acteurs multiples. Les enseignants doivent donc s'aventurer hors de la parcelle et de l'exploitation pour prendre en compte ces interférences avec l'environnement, et introduire les liens avec le concept de territoire. Des collaborations interdisciplinaires avec les enseignants de géographie se développent.

La fin des années 90 : l'entrée en scène du développement durable. Les questions agricoles deviennent progressivement des questions de société (qualité et sécurité alimentaires, préservation des ressources naturelles) et l'agriculture doit contribuer au développement durable. La loi d'orientation agricole de 1999 dans son article premier affiche clairement cette préoccupation : « la politique agricole prend en compte les fonctions économiques, environnementales et sociales de l'agriculture et participe à l'aménagement du territoire, en vue d'un développement durable ». Cette perspective a été traduite dans l'une des principales mesures de la loi d'orientation agricole, les contrats territoriaux d'exploitation (aujourd'hui contrats agriculture durable), illustrant la multifonctionnalité de l'agriculture, dans la loi d'orientation forestière du 9 juillet 2001 et plus récemment dans la loi sur le développement des territoires ruraux du

...

23 février 2005 dont l'exposé des motifs souligne : « L'État, garant de la cohésion nationale et de l'équité territoriale, préserve la diversité des territoires ruraux, participe à leur valorisation économique, sociale et environnementale, et définit les principes de leur développement durable ».

Plusieurs conséquences en termes d'enseignement de l'agronomie sont remarquables :
– la prise en compte du temps long, c'est-à-dire des conséquences à moyen et long termes des décisions que l'on prend aujourd'hui. Les décisions des agriculteurs n'échappent pas à cela, ce n'est plus seulement le raisonnement « ici et ailleurs » mais aussi « aujourd'hui et demain » ;
– la prise en compte dans les actes de production des conséquences des pratiques culturales sur la qualité alimentaire des productions (développement des liens entre production et alimentation) ; le fait alimentaire rencontre le fait agronomique ;
– les liens à établir entre l'agronomie et l'écologie et donc les ponts à opérer entre les formations dans les filières de production et les formations dans les filières de l'aménagement.

D'une agronomie des territoires, on passe à une agroécologie, c'est-à-dire à un renforcement des liens entre agriculture et nature, entre agriculture et alimentation, autant de sphères de savoirs souvent disjointes. Les approches multiniveau et multiacteur s'étendent au multicritère, c'est-à-dire au souci de satisfaire des besoins diversifiés dans leur nature (économique, écologique, social).

La formation des enseignants en agronomie

Au-delà de ces différentes étapes se pose la question de la formation des enseignants en agronomie. L'agronomie a été enseignée pendant longtemps par les ingénieurs du corps d'agronomie, corps dédié principalement aux métiers de l'enseignement agricole. Il y avait aussi les professeurs certifiés de l'enseignement agricole (PCEA) de la section de biologie et de production végétale, mais qui avaient plus une culture biologique qu'une culture agronomique. La disparition du corps d'agronomie, par fusion avec le corps du Génie rural des eaux et des forêts (Gref) et le désengagement de l'enseignement agricole de la part du nouveau corps, remplacé progressivement dans l'enseignement par les ingénieurs de l'agriculture et de l'environnement (IAE), posent le problème de la suppression progressive d'agronomes généralistes dans l'enseignement, c'est-à-dire d'enseignants capables d'interagir avec de multiples disciplines dont la présence est nécessaire, comme on l'a vu précédemment. On s'inquiète aujourd'hui de la relève agronomique dans l'enseignement. Il faudra traiter dans l'avenir de cette question et poser alors, par ricochet, celle de la place de l'agronomie dans l'enseignement supérieur, lieu de formation des enseignants.

Postures de l'agronome dans l'exercice de son métier

Au travers de ces fonctions évoquant les changements à l'œuvre chez les agronomes, nous souhaitons distinguer trois postures principales de l'agronome face aux systèmes techniques.

Ces trois postures ne sont nullement incompatibles et chacun peut se trouver dans des postures différentes selon le moment ou le lieu, l'enjeu et le type de système technique envisagé. Mais, au nom de la crédibilité des agronomes et de leur efficience, il apparaît essentiel de bien les clarifier, de les distinguer et d'expliciter dans chacune des activités d'où l'on parle et sur quelle posture.

La diversité des agricultures, d'une part, et la diversité des approches pour faire évoluer les pratiques, d'autre part, imposent aux agronomes le changement de leurs paradigmes et de leurs pratiques. Une compétence majeure se dégage de cette nécessité de travailler sur la diversité des agricultures, celle de travailler en partenariat.

Posture de neutralité ou de distanciation
par rapport aux systèmes techniques et socio-économiques considérés

C'est à priori une posture que l'on retrouve dans chacune des fonctions mais elle est particulièrement cruciale dans l'évaluation (caractérisation à froid) et l'expertise publique. C'est évidemment toujours illusoire de parler de distanciation, voire d'indépendance, mais il y a des procédures comme l'explicitation des attendus et des domaines de validité de ce qui est avancé qui permettent d'avancer.

Cette posture nécessite d'expliciter les objectifs visés, donc de les négocier avec d'autres acteurs, et de rendre compte de façon explicite des observations réalisées à une gamme large d'acteurs concernés, donc cette distanciation doit être traduite clairement.

Posture d'engagement au travers de projets

Dans ce cas, l'agronome s'engage (pas toujours mais le plus souvent) fortement. C'est le cas de nombre de projets de développement qui visent à promouvoir des agricultures alternatives. Mais ce peut être également le cas pour la formation.

Cet engagement implique de préciser les attentes collectives qu'il génère, et de prendre en compte les contraintes et opportunités que les acteurs peuvent saisir pour modifier leurs systèmes techniques.

Posture de conception et d'exploration de solutions non connues

Il s'agit ici d'ouvrir des voies nouvelles, de mettre au point des technologies nouvelles (au cas où cela pourrait être utile…), d'anticiper sur des évolutions futures. C'est en gageant que le choix des pistes explorées n'est pas neutre, mais n'est pas nécessairement en prise directe avec l'action.

Cette posture de conception nécessite deux qualités, l'imagination, pour aider à faire naître une gamme de scénarios des devenirs possibles, et, une large culture générale pour identifier les faits et arguments mobilisables pour construire ces hypothèses pour explorer les devenirs possibles.

L'engagement de l'agronome dans la société

En France, un certain paradoxe existe entre la valorisation du métier d'agronome dans la société et l'absence d'un statut de l'agronome qui aurait pu lui donner un rôle majeur, comme d'autres professions, tels les médecins ou les architectes. À l'opposé de ce qui existe dans un certain nombre de pays (associations d'agronomes ou ordres professionnels), les agronomes français n'ont pas créé un espace commun, leur permettant à la fois de construire une compétence et une reconnaissance au sein des institutions, en particulier dans le cadre de l'expertise préalable à la décision publique.

Certaines raisons peuvent expliquer cette situation, comme la séparation des institutions de recherche et de développement, ce qui n'a pas favorisé les rencontres entre agronomes, ou l'existence de corps d'ingénieurs d'État, qui ont assuré les besoins d'expertise pour l'État.

Mais le contexte actuel milite fortement pour que les agronomes créent cet espace commun, afin de réaffirmer le rôle qu'ils peuvent jouer tant pour la profession agricole comme pour le développement territorial.

En premier lieu, l'évolution des connaissances scientifiques et les évolutions sociétales obligent à concevoir en permanence de nouvelles techniques acceptables et efficaces. Le développement durable oriente les pratiques professionnelles vers une plus grande diversité, qu'elle soit biologique ou culturelle. L'agronome a des compétences spécifiques pour intégrer les connaissances disciplinaires, afin d'orienter leur usage vers l'action et produire des artefacts utiles aux professionnels.

Par ailleurs, les professionnels agricoles ont de plus en plus besoin de questionner les agronomes sur leurs stratégies d'entreprise et sur leurs problèmes techniques, parce que de nombreuses adaptations doivent être opérées simultanément afin de répondre aux changements économiques, écologiques ou sociaux.

Enfin, alors que le besoin d'expertise va grandissant au sein des territoires ruraux avec la multiplication d'espaces de projets et de conflits de gestion des usages des ressources naturelles, les agronomes ne sont pas assez sollicités pour apporter le point de vue de l'activité agricole dans une vision objectivée de l'expert.

Les agronomes doivent donc collectivement prendre conscience de leur rôle à venir au sein de la société, afin de construire leur « professionnalité » avec ce sentiment de nécessité qu'ils sont reconnus dans leur métier.

Formation des agronomes : de nouvelles compétences à affirmer et un renouvellement à assurer

La prise en compte de la diversité et le changement d'échelles ne transforment pas fondamentalement la mission de l'agronome, qui reste la conception de systèmes techniques pour l'activité agricole. Mais une plus grande diversité d'objets d'étude, suite à l'évolution du contexte et des enjeux sociétaux, modifie fortement les situations professionnelles des agronomes et les relations entre les agronomes de la recherche, du développement et de la formation. Il en découle une nécessaire adaptation des concepts et des méthodes de l'agronomie.

Nouvelles compétences pour l'agronome

Quel que soit le métier de l'agronome (chercheur, agent de développement, enseignant), les situations de travail intègrent des dimensions communes qui nécessitent des compétences de base renouvelées.

La compétence première de l'agronome est sa capacité à comprendre et à agir dans la diversité des systèmes de culture. Cela impose une vision systémique, avec des référentiels économiques, techniques et écologiques. Les connaissances théoriques et opérationnelles à mobiliser concernent un nombre toujours plus grand de disciplines, faisant appel autant aux sciences de la nature (physique, chimie, biologie, écologie, pédologie, hydrogéologie, …) qu'aux sciences humaines (économie, géographie, droit, sociologie, mais aussi histoire, philosophie, politique, éthique, …). L'agronome ne peut travailler que dans une vision intégrée des connaissances disciplinaires. Le changement est l'accroissement de la complexité des modèles agronomiques qu'il faut pourtant garder opératoires. Les concepts de système de culture et de schéma d'organisation territoriale de l'exploitation sont des concepts majeurs pour cette compétence. Ils permettent de gérer la diversité des situations agricoles dans diverses échelles d'espace et de temps.

Une autre compétence qu'il est nécessaire d'affirmer aujourd'hui est la capacité à travailler en partenariat : partenariat entre disciplines scientifiques, partenariat entre agronomes de la recherche, du développement et de la formation, partenariat entre experts et société civile. Le travail en équipes est le seul moyen pour les agronomes de construire une compétence collective qui favorise à la fois la « co-construction » des savoirs et leur diffusion. Or, l'enjeu est très fort, tant pour l'appropriation des nouvelles connaissances agronomiques par les différents publics d'une société, que pour une meilleure prise en compte des techniques alternatives initiées par des agriculteurs pionniers. Cela suppose que des concepts et des méthodes transdisciplinaires des sciences de l'environnement, du développement local ou du management fassent partie intégrante de la « professionnalité » de l'agronome. La conséquence de ce partage d'une compétence collective entre agents d'institutions différentes est le besoin de décloisonnement qui est encore rarement facilité.

Enfin, l'agronome a peut-être aujourd'hui une des meilleures positions, dans la société de la connaissance, pour développer une compétence de prospective territoriale dans les espaces ruraux et périurbains. Le croisement de connaissances sur l'espace géographique (paysages, terroirs, productions, acteurs), sur les produits (systèmes de production, itinéraires techniques) et sur l'histoire (ruptures et continuités dans la ruralité, développement local, savoir-faire) permet à l'agronome une compréhension du fonctionnement territorial pour l'évaluation de la durabilité du développement et la prévision des scénarios d'évolution. Cette compétence ne lui est pas encore assez reconnue, alors que l'approche agronomique est la seule à croiser les dimensions écologique, technique et socio-économique dans une perspective de compréhension et d'action.

Conséquences sur la formation des agronomes

La formation des agronomes doit anticiper cette évolution des compétences pour un développement durable.

Elle devra ainsi satisfaire à la fois le besoin d'acquisition de compétences transversales et opérationnelles des nouveaux agronomes, et celui du développement des nouvelles compétences des agronomes en situation professionnelle, la connaissance étant de moins en moins constituée de concepts figés mais en recomposition permanente.

Pour ce qui concerne la formation initiale des agronomes, trois axes sont désormais à mettre en priorité.

Une solide formation aux humanités est à développer dans toutes les écoles d'agronomie. L'agronome doit faire preuve à la fois d'esprit scientifique (la construction du raisonnement), d'esprit logique (l'explication des relations de causalité) et d'esprit éthique (la justification de l'action humaine). Il a donc besoin aujourd'hui d'une culture suffisante lui permettant de comprendre et de donner du sens à son action.

Le deuxième axe est le renforcement de la formation systémique et interdisciplinaire, prenant en compte à la fois les trois objets d'étude de l'agronome (la parcelle, l'entreprise, le territoire) et les différentes échelles spatio-temporelles. La difficulté est, bien évidemment, le choix de situations de formation compte tenu du flux permanent de nouvelles connaissances produites par la recherche. La démarche pédagogique requise est celle de l'appui sur les situations concrètes, à partir desquelles la construction des concepts et des méthodes peut se faire. Cela signifie que l'ensemble du dispositif de formation soit orienté par l'objectif d'acquisitions de compétences, c'est-à-dire un ensemble de connaissances, de capacités et de stratégies mobilisables dans l'action. L'appui sur les situations professionnelles d'agronomes obligera systématiquement les formateurs d'agronomes à intégrer les disciplines, et à développer les partenariats servant d'exemples aux apprenants pour leur future vie professionnelle.

Le troisième axe vise la professionnalisation des agronomes, selon le métier exercé. Chaque métier a ses exigences et ses normes, que l'agronome en formation doit s'être approprié avant l'exercice du métier. Ainsi, le chercheur agronome mobilise des compétences que ne mobilise pas un agent de développement ou un enseignant, et vice versa. L'analyse de ces compétences spécifiques et leur construction par la formation est à développer et à intégrer en partie dans la formation première des agronomes (la formation à la prise de fonction pouvant constituer une autre étape).

Quant à la formation continue de l'agronome, elle doit être inscrite dans le parcours professionnel de l'agronome, comme à la fois un outil de maintien ou de développement des compétences. En dehors des mutations professionnelles qui demandent l'acquisition de nouvelles compétences pour exercer un nouveau métier, l'efficacité professionnelle dans un même métier ne peut se dispenser de la prise en compte des évolutions dans les environnements de travail ou dans le rôle social assigné à la profession, ni même de l'acquisition des nouvelles connaissances scientifiques du domaine. Il va donc de soi qu'un travail collectif est à mener dans l'évaluation des besoins prioritaires des agronomes en situation de travail et dans une réponse appropriée des dispositifs de formation. Pour cela, un certain nombre de barrières institutionnelles mériteraient d'être franchies car de nombreuses compétences à acquérir sont communes aux agronomes des diverses institutions.

Le nécessaire renouvellement des agronomes en France

La question du renouvellement des agronomes en France est posée et il faut l'aborder sous les deux aspects, quantitatif et qualitatif.

Sur le plan quantitatif, l'essentiel de l'augmentation des fonctions d'agronome, dans les divers métiers, a eu lieu entre les années 1960 et 1975. La forte augmentation des effectifs à cette période crée aujourd'hui une situation où les personnes employées à cette époque sont en fin de carrière.

Sur le plan qualitatif, de nombreuses personnes se définissent « agronomes », parce que cette dénomination est encore valorisante dans la société française. Mais cela ne renvoie plus forcément à une formation d'ingénieur agronome. En effet, les écoles nationales supérieures agronomiques forment beaucoup moins de la moitié des ingénieurs français sortant des écoles sous tutelle du ministère chargé de l'agriculture. De plus, un autre critère pour se définir agronome est de travailler dans le secteur de la recherche agronomique, du développement ou de la formation agronomique.

Le nombre des agronomes à renouveler dans la prochaine décennie est donc très élevé si on se réfère aux postes existants, mais il est loin d'être évident que le renouvellement des agronomes va pouvoir s'effectuer. D'un côté, la difficulté de trouver des agronomes, qui ont les compétences telles que nous les avons précisées ci-dessus, est réelle, car la formation agronomique est de plus en plus réduite dans les formations d'ingénieurs, au profit de contenus des autres disciplines scientifiques. De l'autre côté, dans les organismes employeurs, la nécessité de réorienter les métiers de la recherche, du développement et de la formation vers des activités à plus forte valeur marchande s'impose. Cela se fait déjà au détriment de profils d'ingénieurs techniques et ce phénomène se poursuivra dans les années à venir.

Le renouvellement des agronomes en France ne peut donc s'envisager que si l'agronome affirme la spécificité de ses compétences pour favoriser le développement durable et si son engagement s'affirme partout où la conception de nouvelles techniques est nécessaire pour l'activité agricole.

Une nouvelle dynamique de recherche, de formation et de développement favorisant la diversité des ressources, des activités et des produits

L'unité de l'agriculture, fortement mise à mal par les contradictions entre agriculture productiviste et agriculture durable, entre agriculture industrielle et agriculture paysanne, ou entre agriculture marchande et agriculture ménagère, est à rechercher aujourd'hui dans la gestion du vivant et de l'espace rural.

L'évolution de l'agriculture dans la société oblige à revisiter à la fois les concepts et les méthodes de la recherche agronomique. Cette interrogation est également nécessaire pour les modes de production et de transmission des connaissances. On peut considérer que le modèle de la recherche non soumise à la demande sociale est révolu, et parallèlement, le modèle de la vulgarisation scientifique descendante du chercheur à l'enseignant, l'agent de développement, l'agriculteur ne fait plus sens.

L'agriculture et la ruralité devenant indissociables, il incombe à l'ensemble des acteurs de la recherche, de la formation et du développement en agriculture de partager les savoirs agronomiques. Mais, au-delà de ces savoirs, ce sont aussi de nouvelles compétences transversales qui sont nécessaires pour comprendre et agir dans le monde d'aujourd'hui et de demain : négociation, méthodes de l'action collective, gestion des risques, raisonnement à plusieurs échelles, traitement d'une information surabondante, prise en compte du temps long, esprit de doute…

L'agriculture française et européenne doit réussir sa réforme, pour mieux correspondre aux besoins de biens environnementaux, de sécurité alimentaire, et d'identité culturelle de la société urbaine à laquelle nous appartenons tous. Partant, les dispositifs de recherche, de formation et de développement, ont à travailler en vue de ce même objectif, comme cela a été le cas dans la période productiviste.

Durant la période du productivisme, la situation était plus simple car, dans le cadre d'un projet politique où la demande était de produire plus, cette seule exigence a pu être satisfaite par une concentration des moyens sur la production d'aliments. Le progrès technique fut le credo de l'ensemble de la filière de progrès, et une telle cohérence s'avéra d'une très grande efficacité.

Dans la période que nous traversons, le modèle est multipolaire, avec un croisement de la production, de l'environnement, de l'aliment et du territoire. Le progrès technique n'apparaît plus comme le fil conducteur reliant l'ensemble des partenaires. Une nouvelle conception du triptyque recherche, formation, développement est donc indispensable pour le développement de l'agriculture au XXIᵉ siècle. Des illustrations en France et en comparaison avec d'autres pays sont proposées en fin de chapitre : « Le développement agricole en France : de nouveaux besoins à satisfaire par les chambres d'Agriculture » ; « Partenariat entre recherche, développement et formation dans la zone cotonnière du Cameroun » ; « L'organisation du dispositif de recherche, formation et développement en France : une nouvelle articulation entre les échelons territoriaux et entre les missions d'appui à l'agriculture ? » ; « La recherche, la formation et le développement en Allemagne ».

Aujourd'hui, pour tous les acteurs de la recherche, de la formation et du développement, ce sont l'apprentissage de la compréhension des phénomènes complexes et l'apprentissage de l'action dans des situations complexes, qui doivent guider l'action.

Ces apprentissages ne sont plus à sens unique, du chercheur vers le formateur ou le conseiller agricole, puis vers l'agriculteur. Les apprentissages seront désormais envisagés comme partages des savoirs, pour deux raisons essentielles :
– le développement, en agriculture, dépend actuellement autant des nouvelles règles juridiques et économiques, des nouveaux liens sociaux dans les territoires ou de la construction culturelle des produits et services, que de la technologie. Les nouveaux savoirs sont donc issus de la pratique autant que du laboratoire ;
– tous les agronomes, du chercheur à l'agriculteur, ne peuvent plus ignorer les multiples demandes des citoyens consommateurs. Tous, à leur niveau, doivent alors jouer un rôle de médiation pour transmettre les savoirs agronomiques à l'ensemble de la société : hommes politiques, élèves et étudiants, associations de consommateurs, médias, grand public…

Ainsi, de la construction des objets de recherche jusqu'à la communication au grand public des connaissances agronomiques, passerelles et liens sont nécessaires, entre le monde de la recherche, le monde de l'enseignement et le monde du développement, pour la production des connaissances et pour leur transmission au plus grand nombre, qui auront à opérer en synergie.

Cette proposition n'est certes pas des plus simples à gérer, et c'est pour cela qu'il convient d'envisager un triptyque recherche, formation, développement beaucoup plus territorialisé. Sur ce point, une certaine impulsion a déjà été donnée dans chacun des secteurs : les programmes de recherche « pour et sur le développement régional » de l'Inra, en convention avec les conseils régionaux, la nouvelle politique de développement régie à l'échelle régionale, la politique de formation professionnelle déléguée aux

Régions depuis les premières lois de décentralisation. En revanche, l'établissement de liens entre les secteurs de la recherche, de la formation et du développement est extrêmement difficile, chaque secteur ayant sa logique propre. La recherche et l'enseignement supérieur ont appris à travailler ensemble depuis la mise en place du statut d'enseignant-chercheur dans les écoles d'ingénieur et des unités mixtes de recherche entre centres de recherche et établissements d'enseignement supérieur. La recherche et le développement se retrouvent sur le terrain de l'expérimentation, mais encore le plus souvent dans le domaine technique. Le développement et l'enseignement se rencontrent dans le domaine de la formation continue, et plus rarement dans le domaine de l'expérimentation, mais souvent dans un esprit de concurrence et non de complémentarité.

Il y a donc un vaste chantier à ouvrir pour que la recherche, l'enseignement supérieur, le développement agricole et l'enseignement technique coopèrent en vue du nouvel essor de l'agriculture dans la société. Les travaux de recherche, formation et développement, induits par un projet de développement agricole territorial sont de grande ampleur, tant dans la connaissance des terroirs, que dans les organisations socio-économiques ou la valorisation économique et culturelle de la production agricole.

Il s'agit ici d'imaginer un contrat clair, sur un territoire donné, entre les différents partenaires de la recherche, de la formation et du développement, et avec les pouvoirs publics concernés par le niveau territorial choisi, pour fixer les objectifs à atteindre. Saura-t-on y arriver ?

Enfin, la question qui reste posée concerne l'évolution des institutions. La séparation des institutions de la recherche, du développement et de la formation a eu sa pertinence dans le contexte du modèle productiviste de développement agricole, mais la situation actuelle des agriculteurs et des agricultures dans la société exige de s'interroger sur le maintien d'une telle séparation. L'enjeu d'une nouvelle dynamique du triptyque recherche, formation, développement oblige à rechercher la plus grande efficience pour les actions engagées. C'est moins la diversité institutionnelle que la diversité des collectifs de travail qui permettra de favoriser la diversité des ressources, des activités et des produits.

Le développement agricole en France : de nouveaux besoins à satisfaire par les chambres d'Agriculture

Les agronomes exercent différents métiers dans le développement : les uns sont centrés sur la parcelle, impliqués dans des processus de recherche de références ; les autres orientés davantage vers l'agriculteur, pilote de son exploitation, exercent alors un conseil d'aide à la décision, et enfin, depuis l'émergence des questions environnementales, certains sont fortement impliqués dans la gestion et l'animation territoriale. L'évolution des métiers exercés par les agronomes est en réalité contingente de l'évolution du développement.

L'appareil du développement agricole sur lequel a reposé la modernisation de l'agriculture française engagée dans les années 1950-1960 est aujourd'hui confronté à la nécessité d'une véritable refondation. Il a alors été conçu pour assurer la diffusion, auprès d'un ensemble d'agriculteurs relativement homogène, de techniques à même d'assurer, dans le cadre d'une économie de l'offre fortement régulée, l'augmentation de la production et de la productivité en matières premières alimentaires.

...

...

Vers un nouveau régime de développement

L'appareil du développement doit aujourd'hui redéfinir son rôle et ses modalités d'intervention dans une situation très différente ; en lieu et place du seul modèle diffusionniste, plusieurs logiques caractérisent un nouveau régime de développement, qui interfère sur le métier d'agronome. Nous identifions ainsi :

– une logique de service, qui doit répondre à la diversité des attentes des agriculteurs. L'objectif n'est plus de diffuser avec conviction un même message, mais d'identifier la diversité des aspirations puis d'offrir une prestation *ad hoc*. Certains agriculteurs recherchent une prestation « clef en main » en déléguant volontiers sur le conseiller ; d'autres une prestation orientée sur l'aide à la décision, construite sur l'interactivité avec le conseiller ;

– une logique d'expertise en conseil stratégique. La globalisation de l'économie se traduit par des exigences de compétitivité de plus en plus marquée, et ce, dans un contexte de forte incertitude et de forte dérégulation ; on constate une montée des attentes des agriculteurs en matière de conseil stratégique, pour les aider à choisir une trajectoire d'évolution de leurs exploitations dans un environnement de plus en plus instable. Ce type de conseil présuppose, en amont, la construction de références *ad hoc*, en particulier sur le long terme ;

– une logique de sécurisation, caractérisée par une hyperréglementation, générant une demande d'accompagnement des agriculteurs pour être en conformité au niveau de leurs exploitations, confrontées à de multiples réglementations qui s'entrecroisent. Les conseillers consacrent ainsi beaucoup de temps à déchiffrer les textes réglementaires, à les reformuler avec pédagogie et à promouvoir des prestations orientées sur la traçabilité des pratiques et garantes de leur conformité ;

– une logique de multiplication et de diversification des intervenants, posant la question de la distribution des compétences et de la gouvernance. La différenciation croissante des espaces ruraux (rural nature ; réservé à la conservation ; rural résidentiel et récréatif ; rural productif...) génère de nouvelles fonctions, en matière de diagnostic et de prospective territoriale ou d'animation et de médiation locale. Toutefois, de nouveaux intervenants se multiplient (collectivités territoriales, agences de l'eau, associations...), qui se dotent d'ingénierie, contribuant à la reconfiguration du système d'encadrement de l'agriculture. Cela pose question et implique un effort de clarification dans la mesure où chacune des parties prenantes raisonne en fonction d'intérêts et de stratégies propres, qui ne sont pas à priori coordonnées.

Les chambres d'Agriculture, au cœur des transformations

Le défi pour le développement est donc de quitter la logique diffusionniste pour répondre désormais aux exigences des quatre logiques précitées : service, expertise, sécurisation, gouvernance et coordination. Le défi est posé plus particulièrement aux chambres d'Agriculture, qui doivent agencer les quatre logiques, et donc trouver une organisation de l'activité de leurs agents permettant l'exercice viable d'une diversité croissante de fonctions.

Le défi à relever est aggravé par la situation financière précaire de la majorité des chambres consulaires, qui a une double conséquence :

– la généralisation de la facturation à prix coûtant des prestations. Cette orientation se heurte, outre à la concurrence, à la culture des conseillers. La vente de services et de conseils suppose une réflexion approfondie sur son domaine de validité et reste à articuler avec les autres missions, en particulier consulaires ;

...

...

– la dépendance à l'égard des nouveaux partenaires financeurs, qui octroient leurs contributions sur des projets en posant leurs conditions. La question de la gouvernance est particulièrement sensible sur les problématiques territoriales comme la gestion des bassins versants interférant sur les ressources en eau, où les financeurs sont multiples.

Perspectives

Un nouveau régime de développement se dessine pour l'agriculture ; cette nouvelle donne est particulièrement vive pour les chambres d'Agriculture, qui se trouvent au centre de l'appareil du développement et sont confrontées à une forte évolution du conseil. La nouvelle donne offre une réelle problématique de recherche : quelles innovations promouvoir, au niveau des chambres d'Agriculture dans l'organisation et les services pour répondre aux nouvelles exigences de la production agricole ? C'est l'objet d'un actuel projet de recherche-action en partenariat élaboré et mené dans le cadre de la procédure d'accueil à l'Inra d'ingénieurs de développement.

Partenariat entre recherche, développement et formation dans la zone cotonnière du Cameroun

Agriculture et recherche agronomique au Nord du Cameroun

Dès les années 60, l'État camerounais a opté pour une politique de développement agricole de sa zone septentrionale fondée sur la production cotonnière, denrée non périssable et facilement transportable vers le port de Douala. La recherche agronomique a appuyé cette politique en apportant les références techniques à la Société de développement du coton du Cameroun (Sodecoton). Ceci a permis, entre autres, le doublement ces trente dernières années du rendement du coton-graine qui se maintient à environ 1 t/ha. Ce maintien, lié au défrichement de nouvelles terres et la bonne gestion de la Sodecoton, fait que la culture cotonnière reste encore aujourd'hui le pivot de l'économie régionale malgré la baisse du prix de la fibre sur le marché international. La zone cotonnière du Cameroun compte plus de 350 000 exploitations agricoles familiales de 2,2 ha en moyenne, à base de coton (1/3 des surfaces), de céréales (maïs, sorgho) et de légumineuses (arachide, niébé), pratiquant l'élevage de petits ruminants, et pour moins de la moitié des bovins et des animaux de trait. Leur revenu annuel moyen est compris entre 200 000 Fcfa et 300 000 Fcfa (un euro = 655,97 Fcfa).

Dans cette région, la recherche agronomique a bénéficié depuis une quinzaine d'années d'un fort engagement de la Coopération française associant des équipes de l'Institut de recherche agricole pour le développement (Irad) et du Cirad et leurs partenaires du développement. Du fait de la faiblesse des moyens financiers accordés par l'État camerounais, ces équipes sont fortement tributaires des objectifs et choix opérés par les projets de développement et les bailleurs de fonds (dont les agences de financement de la recherche). L'amélioration de la productivité de la sole cotonnière et des cultures en rotation a toujours constitué un axe d'intervention majeure pour la recherche mais les différentes crises cotonnières (avant la dévaluation du Fcfa en 1994, et aujourd'hui) ont poussé le développement à concevoir des stratégies de diversification des prod (biocarburant, tourteaux) et de renforcer la capacité d'analyse et de gestion des producteurs (conseil de gestion). Parallèlement, la participation des producteurs dans les projets de recherche et de développement a fortement évolué : considérés comme de simples exécutants jusqu'au début des années 80-90, les producteurs sont devenus aujourd'hui des interlocuteurs écoutés. D'autre part, ils s'organisent en groupements (Organisation des producteurs de coton du Cameroun, Fédération des producteurs d'oignon de l'Extrême-Nord) pour mieux défendre leurs intérêts et développer des services.

Les relations entre développeurs, agriculteurs et chercheurs

La Sodecoton a toujours associé la recherche aux choix des recommandations techniques de production (variétés de coton, traitements phytosanitaires) et de gestion des sols. Le partenariat, focalisé sur la culture cotonnière, s'est élargi à la gestion de la fertilité du sol et aujourd'hui à la diversification des productions (oléagineux, agrocarburant). La Sodecoton et les projets de développement dont elle a la responsabilité commanditent des études et des travaux de recherche à partir de constats émis par leurs agents de terrains répartis sur un bassin de production de plus 85 000 km² et des exigences de productivité de l'entreprise. Ce partenariat qui peut paraître à sens unique – le commanditaire définit seul les objectifs à atteindre, les chercheurs exécutent les programmes – est plus complexe : les relations anciennes entre spécialistes du cotonnier ou des sols permettent aux chercheurs d'être force de proposition. Ainsi, la Sodecoton a contribué à des projets proposés par des chercheurs de l'Irad et du Cirad portant sur la mise au point d'équipements de traction animale, la gestion de la fertilité du sol et les méthodes de conseil aux exploitations familiales qui ne relevaient pas de sa programmation initiale.

Jusqu'au début des années 90, le monde agricole – les agriculteurs, les éleveurs, les autorités coutumières – étaient surtout des pourvoyeurs d'informations nécessaires aux diagnostics des chercheurs et des interlocuteurs précieux pour évaluer leurs propositions techniques (variétés, itinéraires techniques, ration alimentaire pour le bétail). Cependant, plus récemment un réel partenariat s'est construit entre chercheurs et producteurs.

L'intérêt de quelques chercheurs pour les démarches d'appui et de conseil aux exploitations agricoles familiales a fait évoluer progressivement la place des agriculteurs dans les dispositifs de recherche et d'appui au développement. Ces chercheurs se sont intéressés à leurs pratiques gestionnaires intégrant les questions relatives à la production, à la commercialisation voire à la transformation mais aussi celles liées à la gestion familiale (revenu des ménages, approvisionnement alimentaire, etc.). Les chercheurs ont associé les agriculteurs à la conception de la démarche de conseil en commençant par leur poser la question : « Au regard des contraintes que vous rencontrez dans votre métier d'agriculteur et comme chef de famille, de quels types d'appui-conseil souhaiteriez vous bénéficier ? ».

Cette façon de procéder a évité de se focaliser sur des questionnements uniquement techniques. Elle a privilégié une analyse du fonctionnement global des exploitations agricoles en relation avec les besoins des familles. Les questions liées à la gestion du revenu monétaire (principalement lié au coton), à la sécurisation de l'alimentation de la famille et à la programmation de la campagne agricole sont apparues prioritaires. À cela s'ajoute aujourd'hui la question de la diversification des productions pour faire face à la crise cotonnière. Ce dispositif de recherche en partenariat a abouti à :

– la mise au point d'une démarche d'appui-conseil originale favorisant le développement de raisonnements de la part des paysans fondés sur la prévision, l'action et l'évaluation des conséquences de la décision. Elle se traduit par la révision progressive de leurs pratiques gestionnaires et l'adoption d'outils simples de gestion ;

...

– un processus d'apprentissage mutuel entre les paysans, la recherche et le développement où les savoirs sont davantage partagés (recherche en partenariat). Ceci a permis un enrichissement des démarches de conception d'innovations et d'amélioration des systèmes techniques (de culture ou d'élevage) ;

La première année, les structures et projets de développement ont été des observateurs du projet de recherche sur le conseil à l'exploitation qui avait associé des groupes de paysans dans cinq villages. Dès la deuxième année (1999), certains se sont positionnés comme des expérimentateurs de la démarche d'appui-conseil à petite échelle. Entre 1999 et 2002, le projet « Développement paysannal et gestion de terroirs » a affecté des moyens et des ressources humaines (une quinzaine d'animateurs) pour participer au travail de conception avec les agriculteurs et aux différents bilans et restitutions. Depuis 2004, la Sodecoton met en œuvre progressivement la démarche de conseil sur ses thèmes prioritaires (programmation de la campagne agricole, raisonnement des itinéraires techniques et approfondissement des analyses technico-économiques sur coton). En 2007, cette activité a touché une centaine d'agents de la Sodecoton et 62 groupements de paysans. Les difficultés rencontrées aujourd'hui par la mise en œuvre de cette démarche de conseil à plus grande échelle ne peuvent pas uniquement s'expliquer par les difficultés rencontrées par la filière cotonnière. Travailler à l'application de la démarche par la Sodecoton, comme c'est le cas actuellement avec le responsable du service d'appui au développement local, groupement d'intérêt économique (Sadel-GIE), prestataire formé au conseil aux exploitations familiales par la recherche, n'est pas suffisant. Il faudrait disposer de plus de ressources humaines et financières pour travailler à la conception des outils du conseil dont cette société de développement a le plus besoin.

La formation : un domaine nouvellement abordé

Du fait de son enclavement, la recherche agronomique au Nord Cameroun se trouve éloignée des structures de formation universitaires. Toutefois, elle a toujours entretenu des liens étroits avec certaines universités et écoles supérieures en accueillant des étudiants-stagiaires et des doctorants (Universités de Dschang, Yaoundé 1 et Ngaoundéré, AgroParisTech, université de Toulouse Le Mirail, SupAgro, etc.). En retour, des résultats de recherche ont été intégrés dans des enseignements en agronomie, zootechnie, économie et gestion, sociologie et développement rural. Afin de poursuivre la collaboration avec le développement sur les approches de conseil agricole, la recherche a choisi de s'investir dans la formation des techniciens agricoles dans les structures situées au Nord Cameroun (écoles d'agriculture de Maroua et de Garoua) en y développant un enseignement sur le conseil à l'exploitation familiale. Le pari est d'avoir dans les années à venir un vivier de conseillers, formateurs et animateurs ruraux capables de mieux travailler avec la recherche sur cette thématique. Les deux autres voies en cours d'exploration sont :

– la construction d'un module d'enseignement universitaire sur la gestion des exploitations familiales, le conseil et les services à l'agriculture conçus et partagés entre plusieurs universités d'Afrique centrale partenaires du Prasac (Bangui et Ndjaména) et du pôle de compétence en partenariat Grand Sud Cameroun (Dschang et Yaoundé I) ;

– la création d'un module de formation continue sur ces sujets pour des cadres du développement portés par une institution de formation africaine et basée en Afrique de l'Ouest et du Centre.

L'organisation du dispositif de recherche, formation et développement en France : une nouvelle articulation entre les échelons territoriaux et entre les missions d'appui à l'agriculture ?

Le choix politique d'une organisation nationale et séparée de la recherche (Inra, Cemagref, Cirad), de la formation (enseignement supérieur et enseignement technique pilotés par la direction générale de l'Enseignement et de la Recherche) et du développement (Acta, instituts techniques, chambres d'Agriculture) est lié à l'histoire administrative de la France. Contrairement aux nations fédérant des grandes régions, la France n'avait ni université agronomique, ni structure administrative régionale, permettant en 1950 de déléguer les missions de recherche, formation et développement en agriculture à un niveau territorial infranational.

Aujourd'hui, l'affirmation du fait régional et l'absolue nécessité d'une meilleure articulation entre la recherche, la formation et le développement sont l'occasion de revoir le pilotage des missions d'appui à l'activité agricole.

La dynamique actuelle de réorganisation de l'enseignement supérieur agronomique, par fusion d'établissements et acquisition du statut universitaire d'établissement public à caractère scientifique, culturel et professionnel (EPSCP), dans une version grand établissement favorisant une souplesse de pilotage, ainsi que le rapprochement entre les organismes de recherche et l'enseignement supérieur, préfigure une nouvelle organisation, pouvant permettre une meilleure « territorialisation » des missions d'appui à l'agriculture.

En effet, autour d'un établissement d'enseignement supérieur de type universitaire, pouvant rayonner sur plusieurs régions, il est possible d'envisager une organisation de la recherche et de l'enseignement supérieur par grand bassin de production agricole : le Bassin parisien autour d'AgroParisTech, le grand Ouest autour d'Agrocampus-Ouest, le grand Sud-Est autour de SupAgro, et ainsi de suite pour les nouveaux établissements en cours de création. Ce premier mouvement concerne surtout les organismes de recherche (Inra et Cemagref), et les établissements d'enseignement supérieur.

Afin de favoriser les liens entre la recherche et le développement, le deuxième mouvement envisageable est la mise en réseau, par grand bassin de production, regroupant plusieurs régions administratives, des stations expérimentales de diverses appartenances (Inra, établissements d'enseignement, instituts techniques, chambres d'Agriculture), avec une gouvernance commune et un financement pluriannuel contractuel public de l'Europe, de l'État, des Régions et du privé.

Enfin, le troisième mouvement doit concerner le lien entre l'enseignement supérieur et l'enseignement technique, afin de mieux diffuser les nouvelles connaissances agronomiques à tous les niveaux de formation, et tant en formation continue qu'en formation initiale, mais également de permettre de mieux prendre en compte les situations locales pour la recherche de références, qu'elles soient agroécologiques, techniques, économiques ou sociales. En effet, si les établissements publics locaux d'enseignement agricole deviennent de véritables centres de ressources pour leur territoire local, ils peuvent favoriser la transformation des questions de développement agricole local en questions de recherche, et organiser des recherches-actions avec les professionnels et les chercheurs, peu valorisables actuellement dans les organismes de recherche.

La recherche, la formation et le développement en Allemagne

L'exemple de l'organisation des dispositifs de recherche, formation et développement en Allemagne permet de mettre en évidence, par contraste, les spécificités françaises. En effet, à des modulations près, tous les autres pays disposent d'une structuration recherche, formation et développement proche de celle de l'Allemagne.

Le premier fait est la territorialisation des relations entre agronomes, et la création d'un effet de réseau régional. Prenons l'exemple de l'université d'Hohenheim et du *Land* de Bade-Württemberg :

– quasiment tous les acteurs concernés par l'agronomie dans le *Land* ont été formés par les enseignants d'Hohenheim ;

– une solidarité de lieu unit ces agronomes, qu'ils soient responsables de Greenpeace du *Land*, ministre de l'agriculture, ..., ou doctorant à l'Institute for Landscape and Plant Ecology ;

– tout fait marquant de l'évolution de l'agriculture du *Land* sera immédiatement répercuté à l'université, qui deviendra alors un « cœur de réseau critique ».

Ce fonctionnement territorialisé s'appuie sur des structures qui, en fait, sont très légères. L'université d'Hohenheim, une des deux universités de Stuttgart, comporte trois facultés : (1) de sciences naturelles, (2) de sciences agricoles, (3) une faculté de management, d'économie et de sciences sociales. Chacune de ces facultés est ensuite divisée en très nombreux instituts aux contenus et assemblages thématiques continuellement remis en cause. Ainsi, la seule faculté des sciences agricoles animée par 49 professeurs, 430 maîtres de conférences, ingénieurs et techniciens, et attirant 1 700 étudiants de tous niveaux, regroupe 17 instituts et 5 stations expérimentales (thématiques et géographiquement réparties dans la diversité agraire du *Land*). À titre d'exemple, nous pouvons citer : l'institut des productions animales tropicales, l'institut de phytomédecine, l'institut d'agroécologie tropicale, l'institut de science du sol et d'évaluation territoriale.

Une autre caractéristique est la liaison forte, mais très diversifiée, entre recherche et formation gérée de façon très subsidiarisée par chaque institut, avec une seule constante, les professeurs sont responsables de l'ensemble des fonctions de leur institut : enseigner, chercher, et assurer une aide au développement régional. D'autre part, le développement régional passe par le biais de structures originales, les *Landesanstalten* que nous pourrions traduire par « instituts régionaux de développement ». Ces instituts sont en charge de produire des progrès utilisables par les partenaires du *Land*. Les restitutions de leurs résultats sont transmises via deux dispositifs : les Journées de l'Université d'Hohenheim et des groupes de discussion regroupant enseignants et praticiens.

Pour conclure, avec un fonctionnement semblable à des grandes écoles françaises pour le choix des étudiants (la sélection existe, les classements entre universités sont connus, ...), trois différences majeures sont identifiables : (1) chaque université, très autonome, est très liée à son *Land*, (2) l'affichage de réseaux de *lobbying* est clairement répertorié, et leurs activités explicitées sur le site internet de l'université, (3) les réseaux fédéraux (nationaux) sont très faibles et ne structurent pas l'évolution de la recherche, de l'enseignement agronomique et du développement agricole en Allemagne.

Conclusion

Défis pour l'agronomie

Les enjeux pour l'agronomie aujourd'hui

Les questions nouvelles pour les agronomes sont des défis pour l'agronomie. Rappelons sa place médiatrice entre l'écologie et les sciences sociales : avec l'écologie, la question des ressources, de leur utilisation économe ; avec les sciences sociales, celle de la régulation des échanges et la constitution de règles, de normes, de représentation des rapports à la nature. Aucune autre discipline ne peut prendre en charge la conception renouvelée et diversifiée de cohérences entre techniques à assembler, en mobilisant les règles multiples à maîtriser, et l'évaluation de ces cohérences techniques. Ainsi, définitivement technologie maniant des systèmes écologiques complexes, les remaniant pour répondre aux besoins des hommes, l'agronomie est avant tout une discipline des assemblages complexes de systèmes techniques s'appuyant sur les capacités que nous savons limitées de notre Terre[19].

Trois défis principaux sont à relever dans les prochaines décennies par l'agronomie, enjeux d'autant plus cruciaux qu'ils font et feront débat entre des sphères aux intérêts contradictoires au sein des sociétés du Nord comme du Sud de la planète[20].

Cultiver les différents écosystèmes

Rappel du constat majeur : le forçage généralisé des écosystèmes cultivés et prairiaux vers la production maximale de photosynthèse par des espèces et variétés, sélectionnées à cette fin, et l'emploi, sans limite, des facteurs de croissance que sont les engrais et des régulateurs chimiques des relations écologiques que sont les pesticides, entraînent, directement, une dégradation de la qualité des sols, des eaux, de la biodiversité et de l'air,

---

[19] Lester R. Brown, agronome américain, vient de publier en 2007 « Le plan B : vers un pacte écologique mondial » qui insiste particulièrement sur ces aspects. Éditions Calman-Levy.

[20] René Dumont, agronome-vigie, attentif à ces questions, a laissé une abondante littérature dont la relecture est d'une urgente actualité.

et une sous-utilisation de la capacité de mobilisation des systèmes écologiques, qu'il s'agisse des microorganismes utilisant gratuitement l'azote de l'air, ou des régulations écologiques de populations d'organismes vivant avec les couverts végétaux.

Il faudra à l'agronomie construire les bases de faits, de méthodes et de concepts aptes à trouver une gamme de cohérences dans la conduite des écosystèmes mobilisés par les cultivateurs et éleveurs.

Ainsi, si les recherches actuelles d'une agronomie qui s'engage vers une gestion économe et productive des écosystèmes relèvent de principes généraux, les mises en œuvre doivent être très adaptées à la diversité des grands écosystèmes, à leur potentialité de production naturelle, à leur fragilité, et à la compétence et aux attentes des paysans.

Une question majeure de l'agronomie sera ainsi de concevoir de nouvelles organisations des systèmes de culture et d'élevage sur un territoire de plus en plus limité par l'urbanisation de notre planète, adaptées aux différents milieux, pour mieux valoriser globalement l'énergie lumineuse.

Aider à définir des politiques

Nous avons vu que, si les principes de conception des nouveaux systèmes de culture et d'élevage, même appliqués aux différents milieux, sont généraux, leur mise en œuvre concrète, en revanche, doit être adaptée aux moyens disponibles par les différentes catégories d'agriculteurs.

Ainsi, l'agronomie se doit d'intégrer les diversités territoriales, d'objectifs de sociétés locales et de compétences d'acteurs, comme sources de diversités dans les réponses qu'elle proposera aux politiques. Cette exigence de cohérence aux atouts et contraintes locaux est la condition de la pertinence des réponses politiques que les agronomes devront fournir aux sociétés qui les interpellent.

Donc, sans ambiguïté, nous confirmons que l'agronomie est une discipline qui interfère avec les sciences politiques : se définir comme une discipline qui « re-construit » les systèmes techniques nécessite un devoir de vigilance à l'égard des régulations politiques au sein des sociétés[21]. Avec les différents acteurs de la production agricole et les membres de la société civile concernés, l'agronomie, associée cette fois aux sciences sociales, doit participer à la conception de systèmes techniques adaptés aux moyens d'action des uns et des autres.

Proposer une agronomie pour répondre
aux ruptures environnementales et sociales de notre planète

Les méfaits sur l'environnement du modèle productiviste au Nord, les dégradations des conditions de production dans les pays du Sud et le caractère fini des ressources de la planète sont les conditions initiales à un nécessaire changement de paradigme pour l'agronomie.

Pour autant, la cohérence entre les différents « choix que fait l'homme des procédés par lesquels il exploite la nature, soit en la laissant agir, soit en la dirigeant avec plus ou

---

[21] Pour ceux qui douteraient, le film retraçant la vie de l'agronome Jean Dominique en Haïti « The Agronomist » (réalisation J. Demme, 2003) en est une éclairante démonstration.

moins d'intensité en différents sens »[22] n'est pas souvent acquise. Mobilisant les connaissances écologiques, techniques, et sociales, l'agronomie doit rebâtir un paradigme de management « ménageur de la terre des hommes »[23], et aider les citoyens dans leurs choix alimentaires en fonction des modes de production, de transformation, de transport auxquels ils correspondent, dans la gestion de leurs déchets, et les États dans leurs choix de politiques énergétique, agricole, commerciale, d'aménagement du territoire…

Entre nouvelle problématique écologique, et nouvelle responsabilité sociale, la nouvelle agronomie que nous proposons se doit d'être centrée sur la proposition cohérente de nouveaux systèmes techniques, leur évaluation et leur démonstration auprès de l'ensemble de la société. Technologie vigilante, préoccupée des enjeux sociaux et mobilisant les régulations écologiques trop négligées, l'agronomie construit les bases des futurs systèmes de culture, qu'ils soient traduits en champs, prés, vergers… et savoir-faire de demain.

L'agronomie, une science de la gestion du vivant à différentes échelles

Dans l'évolution de la pensée agronomique, les contours de l'agronomie ont fortement évolué, partant de l'étude des sociétés rurales pour arriver à la gestion du vivant aux différentes échelles d'organisation. Le modèle de développement de l'agriculture dans la deuxième moitié du XXe siècle a tellement encouragé la standardisation des techniques et des pratiques que la diversité écologique et la diversité des pratiques agricoles ont été moins étudiées par la science agronomique.

En effet, force est de constater que l'agronomie, dans sa recherche de scientificité, a eu pour ambition, durant ces cinquante dernières années, de développer des connaissances rationnelles et de portée universelle. Elle a partiellement ignoré l'intérêt des savoirs profanes des agriculteurs. Pourtant, Michel Sebillotte, dans son « Essai d'analyse des tâches de l'agronome », inscrivait, il y a trente ans, sans ambiguïté l'activité de l'agronome en tension entre une production de connaissances dans la discipline agronomique et des actions dans la pratique agricole elle-même. L'agronomie est posée comme une science pour l'action, avec l'existence d'un lien entre le réel théorique de l'agronome et le réel pratique de l'agriculteur. Reste que, malgré une orientation aussi marquée, la production de connaissances scientifiques a peu concerné la pratique de l'agriculteur, que ce soit à l'une ou à l'autre des trois échelles où elle agit : la parcelle, l'exploitation et le territoire.

La parcelle de culture a surtout été étudiée dans sa relation au climat, au sol, à la plante, avec le seul objectif d'augmentation du rendement quantitatif de la production, ce qui n'a pas manqué d'inciter à la codification des pratiques culturales. Or, l'environnement de la parcelle (topographie, éloignement de la rivière ou de la nappe phréatique…), l'histoire culturale de la parcelle, les choix stratégiques et tactiques de gestion par l'agriculteur, ont été trop rarement intégrés dans la production de références

---

[22] Selon les termes employés par de Gasparin en 1849 pour définir le concept de système de culture.

[23] Le théâtre de l'agriculture se complexifie, mais « le mesnage des champs » reste au cœur de ce paradigme élégamment posé en débat par Olivier de Serres, il y a 408 ans au Pradel (Ardèche).

technoscientifiques. Il est vrai aussi que les tentatives de références pertinentes n'ont pas résisté aux objectifs des marchés et au souci d'amélioration de la productivité du travail. Les conséquences ont été les pollutions d'origine agricole, des pertes de biodiversité, des dégagements de gaz à effet de serre accrus, et la faible prise en compte des « recettes » par de nombreux agriculteurs.

Pour l'exploitation agricole, qui correspond au niveau de la prise de décision de l'agriculteur, trop peu de recherches se sont appuyées sur le « modèle pour l'action » de l'agriculteur, lequel met en évidence que la rationalité, les modes d'apprentissage et la constitution des savoir-faire de l'agriculteur sont bien différents des représentations que peuvent s'en faire les chercheurs. L'agriculteur, dans son action, fait ses choix en fonction de nombreux paramètres, d'ordres différents (agronomique, économique, social et psychologique) et mobilise soit des concepts scientifiques, soit des jugements pragmatiques, construits dans et pour l'action. Les recherches, maintenant moins actives, sur la compréhension de la diversité de fonctionnement des exploitations, ont permis de rendre compte de ces complexités[24].

Enfin, le territoire, depuis l'irruption des problèmes d'échelles spatiales et temporelles, d'organisations entre entités et acteurs ayant des responsabilités, des usages et des attentes différents vis-à-vis de l'espace, est encore trop peu investi par les agronomes. La nécessité de la gestion collective des territoires oblige à des compromis nécessitant des recherches préalables. L'agronome doit prendre toute sa place dans les recherches sur le territoire car, les écologues, les géographes et les sociologues, ne pourront pas modéliser la réalité agricole sans les agronomes. L'absence de ces derniers dans les domaines de recherches portant sur le territoire risquerait alors d'avoir pour conséquence une omission des préoccupations agricoles dans le développement des territoires.

Pour une tension persistante entre l'écologie, l'agronomie et les sciences de gestion

Les nouveaux enjeux pour l'agronomie doivent ainsi prendre en compte le nouveau contexte de société de la connaissance (où la recherche scientifique et l'innovation sont les principales sources de production de richesses), et le nouveau regard que la société pose sur la gestion de la production du vivant dans un environnement à préserver.

C'est une agronomie pour un développement durable qui est à construire, ce qui suppose que ses fondements soient réaffirmés, afin qu'elle puisse répondre de manière concrète aux nouvelles demandes, en gérant ses relations avec les disciplines scientifiques qui étudient les mêmes objets.

L'évolution de l'agronomie impose de réaffirmer qu'elle est une technologie, donc une science de l'ingénieur, qui étudie les conditions de vie, de naissance, de mort, d'expansion des techniques mobilisant des territoires, où les régulations écologiques sont à maîtriser. L'agronome ne peut être, en effet, ni un écologue, ni un socio-économiste. À l'interface entre le vivant et la pratique agricole, et dans un contexte sociétal donné,

---

[24] Les recherches menées dans les années 1970-1980 par l'équipe de l'Inra et de l'Enssaa (Rambervillers, 1972 ; Pays-Paysans-Paysages dans les Vosges du Sud, 1977) et celles de l'équipe de l'Ina-PG seraient maintenant à revivifier.

sa mission doit rester de concevoir, d'évaluer et de diffuser des techniques écologiquement acceptables, économiquement rentables et socialement vivables. L'enjeu majeur de l'agronomie est de construire les faits, méthodes et concepts permettant l'agencement cohérent et diversifié de ces nouveaux systèmes techniques.

À cette condition, un nouveau projet pour l'agronomie est envisageable car, si l'ambition reste forte, le chantier est bien circonscrit.

Renouvellement de l'interdisciplinarité, au cœur de la discipline agronomique

La diversité des objets d'étude de l'agronome et la nécessaire prise en compte des diverses échelles spatio-temporelles dans l'activité agricole créent pour l'agronomie une triple exigence : celle de comprendre les conditions d'émergence de ses objets d'étude, leur fonctionnement dans leur dynamique propre, mais également l'anticipation des conséquences et des effets de ce fonctionnement dans leur environnement.

Cela suppose donc que l'agronome soit, comme tout technologue, à la fois capable de collaborer avec les spécialistes des différentes disciplines connexes des sciences de la nature et des sciences sociales, productrices des connaissances les plus fines sur le fonctionnement des objets étudiés, et apte à intégrer les connaissances produites par les différentes disciplines, afin de vérifier qu'elles sont opératoires dans une activité agricole durable.

L'interdisciplinarité, art de faire travailler ensemble des personnes issues de diverses disciplines scientifiques, est ainsi réaffirmée au cœur de la démarche agronomique. Pour l'agronome, le but commun est la conception d'une technique qui, appropriée par les acteurs, permettra d'améliorer les efficacités de la pratique.

La nécessité de l'interdisciplinarité est aussi par ailleurs renforcée dans la perspective du développement durable. De nouvelles disciplines s'invitent aujourd'hui dans le débat sur les sciences agronomiques : l'éthique, la philosophie, la politique, le droit, l'histoire… mais aussi de nouveaux acteurs (consommateurs, citoyens, …) qui proposent, de façon inédite, des questions de recherches engageant des champs disciplinaires variés.

Cette démarche reste toujours trop peu développée dans les recherches agronomiques, alors que le nouveau regard sur la diversité des agricultures met bien en évidence qu'il ne suffit plus de juxtaposer les points de vue disciplinaires. De plus, les nouveaux domaines de recherche, dans les sciences de l'information ou dans les sciences du vivant, favorisent l'organisation de la recherche en équipes pluridisciplinaires proches des milieux industriels[25]. Pour une plus forte créativité et une capacité d'innovation accrue, la science agronomique doit, par sa nature même, réinvestir fortement la démarche interdisciplinaire. Ainsi, bien au-delà d'une approche pluridisciplinaire de l'étude d'un objet, de nouveaux concepts et de nouvelles méthodes sont à inventer pour que l'agronomie produise et diffuse des connaissances utiles « dans et pour l'action », grâce à l'intégration de nouvelles connaissances disciplinaires.

---

[25] P. Veltz, 2007. L'université au cœur de la connaissance. Revue Esprit, n° 340, décembre 2007.

Postface

L'agronomie et les agronomes demain

Ce livre évoque différentes orientations pour l'agronomie et les agronomes à l'avenir. Je partage beaucoup de ces idées, pourtant je ne crois pas qu'il s'agisse de « refonder » l'agronomie. L'avenir me semble beaucoup plus résider dans un *retour aux principes de base de ce qu'est la science « agronomie » (sensu stricto), dans un approfondissement de la réflexion sur les modalités d'évolution des connaissances d'une science finalisée, sur les façons dont les agronomes, par leurs pratiques multiples, concourent à « fabriquer »* l'agronomie. Cela exigera, entre autres, de *ne pas confondre les pratiques des agriculteurs*, fort diverses selon les pays et les régions, *avec la science agronomie*. Certes, autrefois, une réflexion sur le doublet « agronomie et agriculture »[26] était suffisante pour analyser les tâches de l'agronome ; ce n'est plus le cas aujourd'hui. Nos sociétés ont beaucoup évolué, le livre y insiste, et deviennent sensibles à de nouveaux problèmes dont elles sont pourtant souvent à l'origine, par exemple le réchauffement climatique, les pollutions de l'eau… La question devient moins de produire le plus possible (encore que cette fonction restera souvent majeure), mais de le faire de manière *durable*. Les agronomes doivent donc apporter leurs contributions aux solutions à inventer, ce qu'ils font déjà indéniablement. Il s'agit aussi pour eux de comprendre pourquoi leurs pratiques collectives, qu'ils soient chercheurs ou agents du développement (au sens large), ne leur ont pas permis de mieux anticiper les enjeux de fond des sociétés du XXIe siècle et, donc, de mieux tirer les « sonnettes d'alarme », de mieux se préparer collectivement à apporter leurs contributions. C'est dans un esprit de *ressourcement et d'approfondissement réflexif pour demain* que j'écris ces lignes. J'aborderai en premier la recherche d'une filiation, premier moyen pour retrouver ses racines et outil privilégié de formation, ensuite je traiterai des anciennes et nouvelles tâches des agronomes, ce qui sera un retour à l'agronomie *sensu stricto*, objet de ce livre, pour terminer sur certaines des interpellations que nous adresse le développement durable.

---

[26] Sebillotte M., 1974. Agronomie et agriculture. Essai d'analyse des tâches de l'agronome. Cahiers Orstom, Série Biologie, 3 (1) : 3-25.

Retrouver ses racines en établissant des filiations...

Un contresens, aujourd'hui répandu, est de penser que le travail bibliographique se réduit à faire étalage de sa connaissance des articles récents ou à y rechercher des cautions, comme si la réflexion autour de tout problème étudié pouvait faire abstraction du passé. La question n'est-elle pas, aussi, *de situer les travaux que l'on entreprend et les résultats que l'on obtient dans l'histoire de la pensée agronomique et des manières dont les questions ont été problématisées ?* Dans la masse d'articles et d'ouvrages qui constitue les matériaux de cette histoire, quelles sont les filiations, les ruptures et les émergences nouvelles ? De nombreux épistémologues nous aident pourtant à voir que problématiser une question est essentiel et que c'est par là que l'histoire distingue les véritables apports, les ruptures, en un mot *l'originalité des démarches.*

Ainsi, l'objectif d'une discipline scientifique finalisée ne peut se restreindre à l'accumulation de résultats[27], il est aussi de définir ce qui s'enseignera, en particulier *l'évolution de la pensée, de la façon de poser les problèmes.* Les sciences sociales ont ce souci de situer les différents courants de pensée. Pourquoi ne retrouve-t-on pas le même besoin chez les agronomes ? Serait-ce du fait du jeune âge de l'agronomie ? Serait-ce que pour accéder à l'épistémologie et à la philosophie des sciences, pour découvrir qu'*une question ne peut se réduire à la seule recherche d'une réponse et que le fait même de la poser entraîne aussi des interrogations,* il faudrait une maturation collective que nous n'aurions pas encore ? Que nous n'aurions toujours pas saisi que notre science est « en train de se faire » ? Ou encore que, trop proches des pratiques agricoles, nous chercherions désespérément des réponses immédiatement efficaces ? Ou, enfin, que nous manquerions de crises théoriques ?

Par exemple, l'ouvrage évoque le débat « théorie de l'humus versus théorie minérale », débat qui peut sembler, par certains aspects, à nouveau actuel. Or, d'une part, les questions posées ont varié au cours du temps et donc les interprétations proposées, et d'autre part, l'insertion de cette controverse dans les sociétés d'hier et d'aujourd'hui a changé ? Entre le projet des agronomes du XVIIe siècle, en Angleterre, d'introduire de la prairie dans les rotations culturales pour augmenter la production (Tarello, au XVe siècle, avait eu le même souci à Venise), et les attentes actuelles de captation du carbone dans les matières organiques des sols, il y a des différences qui dépassent l'opposition de ces deux théories de l'alimentation des végétaux. La *formation agronomique* devrait inculquer ces différences aux étudiants en leur montrant comment la formulation d'une question traduit des préoccupations, toujours datées et *liés à des contextes sociétaux et à des manières de pratiquer l'agriculture et de faire de la science à une époque.* J'ai pu écrire « Parler de "science en train de se faire", n'est pas seulement dire que la science n'est jamais achevée. C'est s'interroger sur les règles épistémologiques du "comment on fait de la science" à une époque donnée de l'histoire ; c'est, si l'on préfère, se demander comment, à une époque donnée, la science dit le vrai » selon l'expression de Canguilhem[28]. En effet, c'est par là que les réflexions sur les métiers des agronomes *(sensu stricto)* et sur les articulations entre agronomie et sociétés trouveront le moyen

---

[27] Encore moins au recensement du nombre d'articles dans des revues prestigieuses !

[28] Sebillotte M., 2001. Les fondements épistémologiques de l'évaluation des recherches tournées vers l'action. Natures, Sciences, Sociétés, 3 : 8-15.

d'échapper aux propos généraux ou sans imagination ! Un bon exemple est celui du maintien de la fertilité des terres. Cette question est récurrente dans l'histoire des sociétés et les agronomes lui ont apporté des contributions variées. Si, aujourd'hui, la fertilité ne semble plus d'actualité, je ne pense pas que les agronomes de demain pourront y rester indifférents pour plusieurs raisons. C'est une exigence de développement durable ; c'est aussi à partir de ce thème que plusieurs concepts agronomiques ont pu émerger ou être repensés de manière précise et moderne (itinéraire technique, potentialité agronomique, jachère…) ; c'est, enfin, un excellent moyen de formation des étudiants à l'histoire de l'agronomie, former ne voulant pas dire ne parler que de ce qui préoccupe à une époque donnée ! Ce thème permet encore de faire découvrir l'évolution des contextes de questionnement et de la façon de les problématiser, de montrer comment une « idéologie » vit en mélangeant sciences et phénomènes sociétaux, et comment une science ne peut se prévaloir, seule, de résoudre les problèmes des sociétés.

De nombreux thèmes devraient, aujourd'hui, être revisités pour répondre aux enjeux de demain. Par exemple, Olivier de Serres conseille dans son « Théâtre d'agriculture et Mesnage des Champs », de renouveler ses semences de blé en allant, tous les trois ou quatre ans, en quérir de nouvelles à plusieurs lieux de distance, à plusieurs jours de voyage. Ne faut-il pas, aujourd'hui, se poser ce genre de question à une époque où les « miracles » de la science et des biotechnologies sont mis au service d'entreprises qui ne semblent pas mettre au premier rang de leurs préoccupations, entre autres, le maintien de la biodiversité ? Les agronomes ne devraient-ils pas plus se pencher sur cette notion de biodiversité alors qu'au sein d'un système de culture, ils peuvent (devraient) combiner espèces et variétés selon différentes « prescriptions » ? Les discussions sur le concept d'espèce interrogent-elles les agronomes ? Comment tenir compte des effets réducteurs de biodiversité du fait même de la mise en culture ? Plus généralement, que signifie la biodiversité pour l'agriculture d'aujourd'hui et pour celle de demain ? Comment envisage-t-on l'amélioration variétale dans le contexte de sociétés devenues plus sensibles aux notions de patrimoine, de conservation et d'environnement ? La question des variétés multirésistantes et du choix des itinéraires techniques a déjà été abordée mais par le biais de l'économie et des politiques agricoles[29]. Enfin, question qui ne devrait pas être rejetée par les communautés d'agronomes, quels principes éthiques pourraient guider l'attitude des agronomes vis-à-vis des firmes semencières et de biotechnologie alors que le choix du matériel végétal fait partie de leurs objets de travail ? Dans un tout autre domaine et toujours à titre d'exemple, les agronomes ne devraient-ils pas plus se pencher sur les problèmes de gestion des systèmes de culture face aux aléas climatiques, dont il est raisonnable de penser qu'avec le réchauffement climatique ils iront en croissant ? Jusqu'à présent, la voie prédominante dans les pays développés a été d'accroître les forces de mécanisation, donc la puissance et la taille des engins de culture, et par le fait même la taille des parcelles cultivées et les grandes exploitations ! Ainsi, la question du travail du sol traverse les travaux des agronomes depuis les années 1900 (entre autres aux États-Unis, au Brésil, en Australie, en Europe…) et beaucoup de résultats montrent une pluralité de voies possibles. Mais, le pétrole devenant de plus en plus cher et rare, ne faut-il pas retrouver cette diversité historique des situations de recherche sur le travail du sol ? Par

---

[29] Rolland B., Bouchard C., Loyce C., Meynard J.-M., Guyomard H., Lonnet P., Doussinault G., 2003. Des itinéraires techniques à bas niveaux d'intrants pour des variétés rustiques de blé tendre : une alternative pour concilier économie et environnement. Le courrier de l'Environnement de l'Inra. Paris, 49 : 47-82.

exemple, celles des équipes travaillant sur la culture attelée dans les pays en voie de développement, donc avec des forces de traction limitées qui devaient, dans ces situations, s'adapter aux variations d'humidité qui conditionnent les propriétés mécaniques du sol ; ou, à l'autre extrémité, celles du non-travail du sol qui butte souvent sur la question des mauvaises herbes et met en cause la volonté de réduire les quantités ou la nature des herbicides ? Ces problèmes, d'actualité chez les praticiens agricoles[30], interrogent les agronomes : quelles voies choisir face à des *contraintes qui forment système* et qui nécessitent des *approches intégrées* ? Le développement durable, c'est encore, pour les agronomes, l'apparition de questions nouvelles, qu'il s'agisse des rapports de la science et de la société, de la manière de produire des connaissances, du rôle de l'expert… Ainsi, un enracinement dans l'histoire, tant des sociétés que des réponses apportées par les agronomes, leur permettrait d'aborder, efficacement et sans tout recommencer, de nombreuses questions actuelles et à venir.

L'agronomie, *sensu stricto* : anciennes et nouvelles tâches de l'agronome…

L'agronomie est une science finalisée, elle se penche donc sur des problèmes qui ont deux origines *de même importance* : d'une part la dynamique proprement dite des connaissances (dans toutes les disciplines), et d'autre part les problèmes sur lesquels buttent les sociétés et la dynamique de leurs « attentes ». En mettant ainsi en relation la production des connaissances et les problèmes des sociétés, la recherche finalisée, c'est sa raison d'être, crée un jeu d'interactions qui produisent des questionnements *constamment nouveaux*. C'est dans cette dynamique que les agronomes doivent s'insérer et c'est par une réflexion sur l'épistémologie de l'agir tant des chercheurs que des partenaires (sens large) de la recherche, qu'ils seront capables d'apporter leurs contributions et d'anticiper sur les besoins futurs des sociétés[31].

Mais l'activité scientifique, celle de la science en train de se faire, répond pour moi au schéma général de la Figure 1. Celui-ci rappelle le rôle de l'histoire et du contexte comme celui du point de vue adopté par le chercheur ou le collectif de recherche dans la construction des objets de recherche, d'où la recherche des filiations déjà traitée. Mais plus profondément, ce schéma indique que la production des connaissances scientifiques, donc du respect des exigences de la science, suppose, d'une part, la définition rigoureuse d'objet de recherche et l'emploi de méthodes adaptées et, d'autre part, la production de concepts et de théories, le tout étant non seulement en interaction, mais également pris dans une spirale, théories et concepts engendrant de nouveaux questionnements sur les objets et les méthodes. Je définis ainsi trois classes d'objets pour les agronomes : la parcelle, l'agriculteur cultivant ses parcelles et le territoire. À chacune, j'associe un *métier différent* car pour aborder ces objets, les agronomes ne mobilisent ni les mêmes concepts et théories, ni les mêmes méthodes (Figure 2).

---

[30] Cf. Le Monde, 26 octobre 2007. « Ces agriculteurs écolos *et* productifs. Enquête auprès d'agriculteurs : non conventionnels, non biologiques (Sarthe) ». Le colloque du Corpen en 2004, et celui coordonné par l'Adème à Paris le 23 octobre 2007 sur les techniques de travail du sol sans labour ; enfin, le dossier « Techniques sans labour. Les économies à la clé », Perspectives Agricoles, avril 2008, 344 : 21-34.

[31] Collectif, 2007. La recherche finalisée. Actes du séminaire « Recherche finalisée : améliorons nos pratiques ». Paris, Inra, 9 janvier 2007, p. 140.

La Figure 1 aide à comprendre comment la science se fait et comment ses acteurs, les chercheurs et leurs partenaires, tout en étant membres à part entière de ces sociétés peuvent produire des connaissances scientifiques qui *répondent à d'autres exigences que celles de la société*. Ce passage des problèmes sur lesquels buttent les sociétés auxquelles appartiennent les agronomes, insistons-y, s'opère à travers *les pratiques des agronomes* et donc en dépendent, d'où l'importance de l'histoire, des écoles de pensées et des cultures nationales, elles-mêmes interagissant, et des *relations* des agronomes avec les agriculteurs, avec les agents du développement et les autres acteurs de l'environnement économique et écologique.

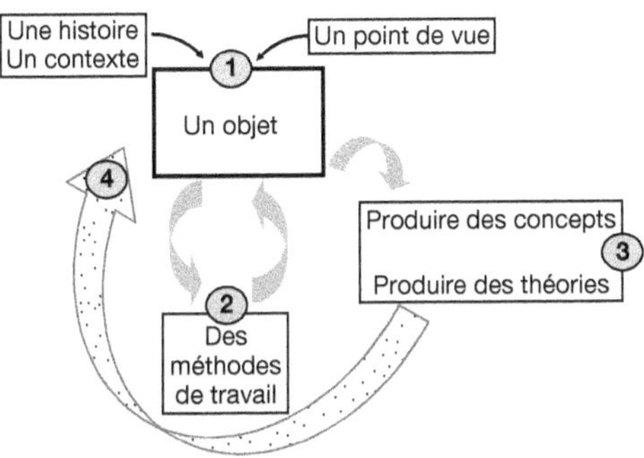

Figure 1.   L'activité scientifique.

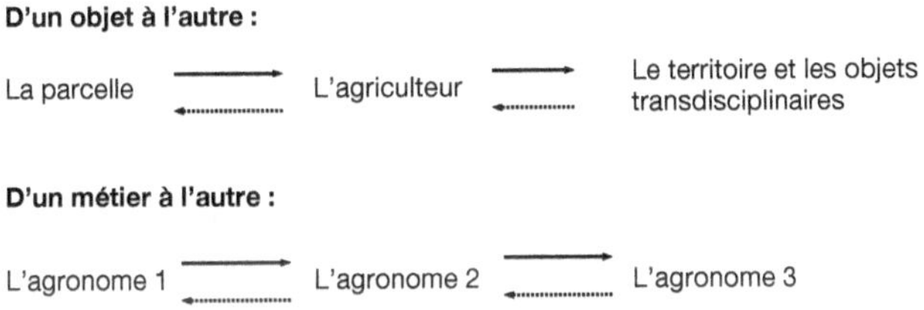

Figure 2.   Les trois métiers de l'agronome.

Les trois métiers de l'agronome correspondent à trois épistémologies de l'agir du chercheur. En effet, se combinent différemment selon les cas les pratiques de la *recherche confinée* dont l'objet est défini complètement par le chercheur (au laboratoire), de la *recherche de terrain* dont l'objet s'impose au chercheur (il lui est donné), de la *recherche-intervention* dont l'objet est évolutif en fonction des interactions que le chercheur entretient avec lui et avec ceux qui lui ont demandé d'intervenir[32]. L'unité

---

[32] Selon la classification de Hatchuel A., 2000. Intervention research and the production of knowledge. Recherches pour et sur le développement territorial, symposium Montpellier, 11-12 janvier 2000. *In* Cow up a tree. Knowing and laearning for change in agriculture. Case studies from industrialised countries. Cerf M., Gibbon D., Hubert B., Ison R., Jiggins J., Paine M., Proost J., Röling N. (eds). Éditions Inra, Paris, p. 55-68.

profonde de ces trois métiers réside dans la volonté d'agir *sur* et *dans* le réel, tout en respectant les contraintes venues des sociétés. Ces trois métiers sont indissociables et interagissent les uns avec les autres. Mais, l'agronomie *(sensu stricto)* est *une* et c'est par l'*« articulation constante (de ces métiers) que l'agronomie peut prétendre apporter sa contribution aux relations science-société, à travers des mouvements incessants de questions-réponses entre eux »*[33].

À partir de ces deux figures, il est possible de retrouver les anciennes tâches des agronomes et d'en définir de nouvelles pour aujourd'hui et demain. Il serait facile de montrer que les anciennes tâches, doivent toujours être remplies, je n'insisterai pas. Les nouvelles reflètent, entre autres, le fait que la construction des connaissances et des savoirs est *de plus en plus collective* et que *l'expression des attentes est de plus en plus objet de controverses*. Ainsi, distinguer des métiers différents au sein d'une même discipline favorise les échanges tant entre chercheurs de disciplines différentes à différents niveaux d'organisation du réel, en permettant des échanges plus approfondis, plus pertinents et riches de futur, base de la naissance de larges collectifs interdisciplinaires qu'avec les différentes composantes des sociétés. L'étude des liaisons entre le choix des variétés et le choix des itinéraires techniques dans les contextes économiques et écologiques actuels est une illustration de telles approches transdisciplinaires.

La nécessité de modéliser et la difficulté, parce que les pratiques évoluent en permanence, de vérifier dans des conditions expérimentales vraiment démonstratrices exigent une réflexion approfondie des agronomes *sur leurs manières de démontrer*. C'est une tâche nouvelle et centrale au moment où les polémiques, qui ne sont pas qu'idéologiques, s'enflent entre praticiens et scientifiques, les premiers voulant être coproducteurs des connaissances produites qu'ils utiliseront. Les agronomes doivent donc apprendre à « tirer parti » de l'expérience des praticiens, non pour bâtir des systèmes experts, mais pour organiser la confrontation avec le terrain, la vérification *in situ* de ce qu'ils postulent. J'avais imaginé un dispositif qui permettait, dans le cas du travail du sol, de tirer parti des situations créées par les agriculteurs « innovateurs »[34]. Je crois que la communauté des agronomes doit au plus vite se pencher sur ces questions et sur le fait que nombre de nos affirmations sont plus « plausibles » que démontrées de manière sûre.

Enfin, les agronomes doivent participer aux réflexions sur les manières d'appréhender les objets transdisciplinaires, comme le territoire. Les collègues étrangers s'y intéressent vivement[35], convaincus de l'importance de la recherche-intervention tout en mesurant la nécessité de mettre au point des méthodes adéquates qui font souvent défaut aujourd'hui ; ils nous demandent donc nos expériences en ce domaine. Quel statut donnent-ils eux, par exemple, aux « objets intermédiaires » que définissent les

---

[33] Sebillotte M., 2006 (*op. cit.*).

[34] Sebillotte M., 1975. Comment aborder et suivre l'introduction dans un système de culture de nouveaux procédés de travail du sol ? *In* numéro spécial Travail du sol, Bulletin technique d'information du ministère de l'Agriculture, Paris, n° 302-303 : 555-567.

[35] Dans mon intervention, je compare les recherches québécoises et les nôtres : Sebillotte M., 2007. L'analyse des pratiques. Réflexions épistémologiques pour l'agir du chercheur. *In* La recherche participative. Multiples regards, Anadón M. (dir), 2007. Presse de l'Université du Québec. Reprise du colloque du 73e congrès de l'ACFAS, Chicoutimi, Québec, Canada, 11-12 mai 2005. p. 49-87.

sociologues[36] et dont nous aurions bien besoin, me semble-t-il ? En effet, les manières de « concevoir » et « démontrer » deviennent bien des points focaux des approches transdisciplinaires et ces préoccupations sont essentielles pour le développement durable, par définition, *transdisciplinaire*.

Le développement durable : l'espace et les différents niveaux de gestion...

La question de fond est de savoir si l'agronomie, avec ses concepts et ses théories, peut encore contribuer correctement au développement durable ou l'agronomie en tant que science est-elle inféodée à l'agriculture « productiviste », polluante et destructrice de la biodiversité ?

Je réponds fermement qu'elle n'est pas inféodée à cette agriculture. D'une part, parce que depuis déjà de longues années les résultats des recherches en agronomie ont apporté des éléments qui vont dans le sens du développement durable. Par exemple, les agronomes ont montré que viser le rendement maximum n'apportait pas forcément la meilleure marge[37], que des systèmes de culture moins polluants étaient possibles, que des combinaisons de systèmes de culture pouvaient réduire l'érosion[38], ce livre en témoigne largement ! Et, d'autre part, ce qui est beaucoup plus important, *parce que les concepts de l'agronomie prennent en charge les différentes contraintes du développement durable*. Prenons quelques exemples. Le concept[39] de *potentialité* se réfère certes à la photosynthèse potentielle, mais il ne dit pas qu'il faille l'atteindre et un coefficient réducteur explicite que les conditions de l'agriculture font que le meilleur rendement économique est inférieur au potentiel. L'exemple de la fixation du rendement objectif pour déterminer la fertilisation azotée des céréales renforce ces remarques. En effet, il s'agit de caler les apports d'azote par les engrais, en *complément* des fournitures du sol, selon le rendement visé compte tenu du milieu et des autres contraintes, en particulier celles de l'environnement. Le concept d'*itinéraire technique* a été créé pour montrer qu'il y avait plusieurs manières d'atteindre un rendement objectif. C'était la réponse à une double polémique, d'une part avec tous ceux qui voulaient vulgariser un modèle unique de conduite des cultures sous forme de recettes, en France comme à l'étranger, ce que les agronomes anglo-saxons appelaient le « paquet technologique », et, d'autre part, contre la dérive des techniciens de l'agriculture, en particulier des marchands d'intrants, qui visaient toujours le rendement maximal et la réduction des risques économiques immédiats, sans se préoccuper des effets induits de cette attitude (voir le Club des 100 quintaux, dans les années 1980 en France). Enfin, et pour en rester là, le concept de *système de culture*,

---

[36] Vinck D., 1999. Les objets intermédiaires dans les réseaux de coopération scientifique. Contribution à la prise en compte des objets dans les dynamiques sociales. Revue Française de Sociologie, XL (2), p. 385-414. Vinck D., 2000. Approches sociologiques de la cognition et prise en compte des objets intermédiaires. Septième École d'été de l'ARCo, Bonas, 10-21 juillet 2000, www.arco.asso.fr/downloads/Archives/Ec/Vinck.pdf

[37] Meynard J.M., 1985. Construction d'itinéraires techniques pour la conduite du blé d'hiver. Thèse de Docteur-ingénieur Ina-PG, Paris, 297 p.

[38] Boiffin J., Papy F., Monnier G., 1990. Modélisation de l'influence du système de culture sur l'érosion superficielle. *In* Les systèmes de culture, Combe L. et Picard D. (eds). Paris, Inra, 69-80.

[39] Pour les différents concepts qui suivent, le lecteur se référera à la bibliographie courante en agronomie.

concept opératoire pour les agronomes, permet de lier, sur un espace donné, la succession des différentes cultures et leurs itinéraires techniques et, ainsi de prendre en charge les contraintes qui s'exercent sur cet espace et sur ces cultures. Rolland *et al.* (*op. cit.*) soulignent bien que leurs résultats concernent tout l'espace dédié à un système de culture.

C'est sur *l'espace* que l'agronomie sera le plus interrogée à l'avenir. La contigüité spatiale des parcelles, unité (trop privilégiée) de traitement de l'agriculteur, questionne les agronomes pour des tas de raisons. J'ai évoqué les problèmes d'érosion, ils en sont une première illustration mettant en cause les bassins versants élémentaires et la combinaison spatiale des cultures. Mais les agronomes étaient déjà confrontés, par exemple à travers le parasitisme, à la gestion d'espaces beaucoup plus vastes que celui des parcelles puisque les parasites se déplacent entre parcelles, entre celles-ci et leurs bordures[40]… L'apparition des OGM a accentué cette irruption des phénomènes d'*échelle spatiale*. Des recherches pour étudier les transferts de gènes entre cultures et l'influence du découpage parcellaire et du paysage ont été entreprises, permettant l'élaboration des modèles de simulation nécessités par ce genre d'étude[41], de même que des travaux pour tester les possibilités de transferts de gènes viables à longue distance[42]. Les agronomes qui se préoccupent de l'influence des pratiques agricoles sur la qualité des eaux sont également concernés par la dimension spatiale : ils doivent, en effet, considérer l'ensemble des agriculteurs qui exploitent des parcelles sur la totalité du bassin d'alimentation de la ressource en eau. De même, la gestion quantitative des eaux met en cause des *espaces variables* selon la ressource considérée (nappes souterraines, rivière…), selon le mode d'irrigation (les modes traditionnels, à la raie, peuvent être à l'origine de pertes qui entraînent, en retour, des nappes proches de la surface favorable à des forages individuels !) et selon les divers usagers. Toujours sur l'eau, les transferts de bassin à bassin compliquent encore la gestion. Je ne traite pas ici de la compétition pour l'espace pourtant cruciale à l'avenir, par exemple autour des finalités de l'agriculture : produire pour alimenter l'humanité ou pour produire des agro-carburants ; ou plus largement encore entre l'espace agricole et celui des villes, des routes… L'espace est devenu un problème de société !

Mais *l'espace renvoie au temps*. Les agronomes, familiers des notions de *rotation culturale* (liaison temporelle, avec les effets « précédents et suivants » des cultures et de leurs itinéraires techniques) et d'*assolement* (organisation spatiale qui traduit les règles de rotation sur les différentes parcelles), sont particulièrement armés pour éviter que les collectifs qui géreront les territoires oublient cette liaison fondamentale de l'espace et du temps. La difficulté sera, à l'avenir, de savoir *comment concilier toutes les recommandations affectant les choix techniques et leurs usages dans le temps et dans l'espace*. Par exemple, on recommande de faire varier les matières actives des pesticides pour éviter

---

[40] Thenail C., Codet C., 2003. Systèmes techniques de gestion des bordures de champs en exploitation agricole, et intégration des haies nouvelles. *In R*apport final du projet Bocagement, reconstitution et protection du bocage. Évaluation des politiques publiques de paysagement du territoire, H. Lamarche (coord). Paris, Centre national de la recherche scientifique (CNRS), Inra, ministère de l'Écologie et du Développement durable, 25 p.

[41] Colbach N., Fargue A., Sausse C., Angevin F., 2005. Evaluation and use of a spatio-temporal model of cropping system effects on gene escape from transgenic oilseed rape varieties. Example of the GENESYS model applied to three co-existing herbicide tolerance transgenes. European Journal of Agronomy, 22: 417-440.

[42] Brunet Y., Dupont S., Delage S., Tulet P., Pinty J.-P., Lac C., Escobar J., 2008. Atmospheric modelling of maize pollen dispersal at regional scale. International conference on implications of GM crop cultivation at large spatial scales, Bremen, Allemagne, 2-4 April.

l'apparition de résistances, d'alterner les variétés d'une même espèce cultivée, d'alterner les semences OGM et non OGM... : comment concrètement le faire ? Les combinaisons du temps et de l'espace impliqueront que les agronomes pensent beaucoup plus selon la proposition de Simon[43] lorsqu'il suggère qu'un système hiérarchique (tels les organisations, les systèmes biologiques ou physiques) est *« quasi décomposable »*, c'est-à-dire que l'on peut y définir des composants, des sous-systèmes qui n'ont entre eux que des interactions « faibles » et sont donc quasiment indépendants dans le court terme alors « qu'à long terme, le comportement de chacun des composants n'est affecté par le comportement des autres que d'une façon agrégée ». La difficulté pour les agronomes et leurs collègues, entre autres dans les travaux sur les territoires, sera de préciser *les différents pas de temps,* car, selon les phénomènes envisagés, la séparation entre court et long termes ne sera pas identique. Cela sera particulièrement crucial face aux accroissements de variabilité climatique, ou lorsque les changements technologiques seront rapides, ce qui est probable dans le futur. Les agronomes devront s'intéresser beaucoup plus à la prospective, moyen de combiner des hypothèses évolutives multiples et ainsi de relier échelles et pas de temps du global au local[44], en un mot moyen de modéliser les interrogations sur le futur. Ils devraient ainsi plus systématiquement, *face aux scénarios bâtis, s'interroger* sur la possibilité d'y relier leurs modèles agronomiques et sur la durabilité des options de développement envisagées.

Pour terminer, j'insisterai sur le *développement des territoires* et la circulation des richesses en renvoyant à un livre récent[45], fortement étayé, qui nous interroge en termes de développement durable. L'auteur montre que le développement des territoires, combine, au niveau national, deux économies, l'une, *productive* et placée dans le contexte de la compétition internationale et l'autre, *résidentielle et consommatrice des revenus* dégagés par la première. Il faut donc, en matière de développement, introduire de manière urgente les notions d'échelle dans l'organisation des sociétés et l'articulation des territoires, et pratiquer une gestion qui se préoccupe toujours de savoir ce que les décisions prises entraîneront dans les *deux économies*. Plus généralement, tout espace, au sens de territoire, devient le lieu d'articulation de différents niveaux de gestion, ce que, là encore, les agronomes connaissent bien sur le plan technique ! Cette réflexion permet de poser une dernière question aux agronomes du futur, celle de l'emploi. Historiquement grosse pourvoyeuse d'emplois, l'agriculture, au moins dans les pays développés, n'en représente plus que quelques pour-cent, même en y adjoignant les industries alimentaires. Cette évolution est-elle irréversible, est-elle souhaitable, en quoi concerne-t-elle les agronomes ? Ils doivent, pour moi, s'atteler à ces questions !

Pour conclure...

L'agronomie est ainsi capable de prendre en charge la question du développement durable, car ses concepts et ses théories le lui permettent. Mais, je vois, pour l'agronomie *(sensu stricto)* et les agronomes demain, trois enjeux majeurs et intimement mêlés.

---

[43] Simon H., 1991. Sciences des systèmes, Sciences de l'artificiel. Dunod, Paris. Traduction française de The Sciences of the artificial, 1969-1981, Massachusets Institute of Tecnology, États-Unis.

[44] Sebillotte M., Sebillotte C., 2002. Recherche finalisée, organisations et prospective. La méthode prospective SYSPAHMM (Système, Processus, Agrégats d'Hypothèses, Micro et Macroscénarios). OCL, 9(5) : 329-345.

[45] Davezies L., 2008. La République et ses territoires. La circulation invisible des richesses. Seuil, Paris, 112 p.

Le premier est que les agronomes doivent *plus réfléchir à leurs pratiques*, consacrer plus d'efforts à leur *discipline* et aux *moyens de la faire vivre*. Cela leur demandera de remettre sur le métier leurs manières de faire de la science, d'accumuler de l'expérience, d'acquérir des savoirs et de les communiquer. Il leur faudra retrouver leurs racines, et aussi prospecter d'autres formes de démonstration, se confronter à d'autres champs de savoirs et travailler pour l'humanité dans son ensemble, et moins pour les agriculteurs-producteurs des pays riches. Ils doivent faire une place à l'épistémologie et se préoccuper beaucoup plus de *formation*, celle des futurs agronomes comme celle des *citoyens*.

Le deuxième enjeu est la question des *changements d'échelles*, de la parcelle à la planète, et *de pas de temps. Leur articulation* devient centrale : comment *raisonner* ces problèmes, comment les *étudier* et comment les *gérer* sans privilégier implicitement un point de vue, donc une échelle et un pas de temps donnés ? Les agronomes devront constamment avoir une vision planétaire et, néanmoins, savoir articuler ce global avec des situations locales, physiquement isolables mais toujours partiellement. Cette difficile séparabilité vient, entre autres, de ce que les pas de temps sont imbriqués, en particulier du fait que les projets des acteurs, individuels et collectifs, mélangent des processus variés, tant écologiques que socio-économiques, aux vitesses différentes ! Ainsi, les agronomes devront être, certes, plus soucieux de l'environnement, du social, mais aussi plus se préoccuper des incidences de l'économie globale, et ne pas oublier la production, quantitative et qualitative.

Le troisième enjeu, c'est *l'ouverture aux autres*, qu'il s'agisse des autres disciplines et de tous les citoyens habitants de l'espace, et non des seuls producteurs. Je dirai volontiers que les futurs agronomes devront manifester plus de « *militantisme critique* ». Mais leur militantisme critique sera d'être, dans nos sociétés, des personnes s'efforçant de toujours *prendre du recul* par rapport à eux-mêmes, à leurs pratiques et à celles des acteurs des sociétés. Les agronomes devront toujours *faire et faire reconnaître la différence* entre la discipline agronomie et les pratiques des agriculteurs et autres aménageurs et utilisateurs de « la nature ». Il leur faudra aussi toujours rester conscients de ce qu'ils font à travers leurs recherches, de l'utilisation par les uns et les autres de leurs résultats, à commencer par eux-mêmes ! Paradoxalement, le développement durable, objet transdisciplinaire, exigera de chacun un *engagement « méthodologiquement durable »* et fort dans la vie des cités et la gestion des espaces. Il leur faudra aussi développer un esprit plus *prospectif* et plus familier des *controverses,* pratiquer plus de recherche-intervention.

Pour terminer, la *recherche publique* me semble plus nécessaire que jamais. Pour que la durabilité ne soit pas un mythe, une idéologie de plus au mauvais sens du terme, pour qu'elle devienne réalité, elle exigera de tous plus de rigueur et plus « d'expérience sociale ». Elle exigera que le trio « *recherche, innovation, formation* » fonctionne beaucoup mieux qu'aujourd'hui ! Le développement durable n'est ni l'affaire des seules entreprises ni des seules « associations », c'est *l'affaire de tous*, éclairés par une recherche publique elle-même « rénovée » et qui ne dictera pas « la » solution !

Michel Sebillotte
Professeur émérite d'AgroParisTech,
Membre de l'Académie d'Agriculture

Vers une Association française d'agronomie

Comme l'indique l'avant-propos de cet ouvrage, les entretiens du Pradel de 2006 n'ont pas seulement constitué un espace de réflexion et de débat sur l'agronomie et ses métiers ; ils ont aussi fait germer une initiative concrète : le lancement de l'Association française d'agronomie.

En effet, que reste-t-il à faire à une corporation aussi consciente des enjeux auxquels elle est confrontée et de leur évolution, aussi pertinente dans l'analyse de ses métiers, sinon à s'organiser en véritable communauté professionnelle ?

À cet égard la situation actuelle est étonnante : alors que la plupart des autres grandes disciplines scientifiques et technologiques liées à l'agriculture disposent de structures associatives, ce n'est pas le cas de l'agronomie, au sens restreint du terme. Et pourtant, les agronomes sont toujours fiers de se présenter comme tels, et il est rare que cette appartenance ne soit pas accueillie avec intérêt et sympathie, même si l'agronomie touche à des sujets sensibles qui font l'objet de fortes divergences d'opinion.

Cette lacune peut à terme se révéler dommageable : si la communauté des agronomes n'éprouve pas le besoin de s'organiser pour dialoguer et s'exprimer, a-t-elle véritablement un fondement ? A-t-elle vraiment un point de vue spécifique à exprimer sur l'évolution des agricultures ? Est-il légitime de soutenir des revues et publications spécialisées en agronomie ? L'agronomie doit-elle encore faire l'objet d'un enseignement spécifique ? En d'autres termes, l'agronomie au sens restreint, n'est-elle pas, en définitive, soluble dans l'agronomie au sens large ?

L'ouvrage qui précède montre pourtant clairement – notamment à travers les exemples concrets dont il est illustré – que l'agronomie apporte une contribution à la fois originale et indispensable à la plupart des grands enjeux de développement durable qui se sont fait jour au cours des deux dernières décennies. C'est peut-être parce qu'ils considèrent cela comme une évidence que les agronomes se sont aussi peu préoccupés de leur organisation et de leur expression collectives. En cela, ils ont sous-estimé le danger que fait courir à leur discipline l'ambiguïté de son intitulé : celui de disparaître insidieusement et sans que dans le discours ambiant, la fréquence d'emploi des termes « agronomie » et « agronomes », diminue de façon alarmante.

Puisque les métiers de l'Agronomie sont divers, puisque les problèmes qu'elle doit contribuer à traiter correspondent à de grands enjeux stratégiques, il n'y a aucune raison d'imaginer que les points de vue et positions des agronomes soient unanimes. Il faut, avant tout, créer un espace d'échange et de débat, tant sur la discipline elle-même que sur ses implications et sa mise en œuvre. Son fondement unificateur sera précisément de favoriser l'expression d'analyses prenant en compte les compétences et savoir-faire inhérents à l'agronomie. Ce faisant, elle devra aussi favoriser l'établissement de liens durables et à bénéfices mutuels avec d'autres communautés scientifiques et techniques qui s'intéressent aux mêmes enjeux : s'identifiant mieux, la communauté des agronomes pourra être plus ouverte, et appréhender plus positivement le développement à ses côtés de disciplines avec lesquelles elle n'a pas toujours su établir des liens aussi forts qu'ils auraient dû l'être. Enfin, la future association devra stimuler la capitalisation et la transmission des connaissances et expériences acquises dans différents champs de l'agronomie. De ce point de vue, il y a incontestablement un déficit à combler, si on en juge notamment par le faible nombre d'ouvrages de synthèse propre à cette discipline.

Félicitons et remercions les organisateurs des Entretiens du Pradel d'avoir lancé cette initiative, espérant qu'à l'occasion des prochains Entretiens, il pourra être constaté que la semence est devenue plantule. Souhaitons aussi qu'en retour, l'Association française d'agronomie contribue à la longue vie des Entretiens du Pradel.

Jean Boiffin
Inra Angers
Président de l'Association de préfiguration
de l'Association française d'agronomie

Annexes

Programme des IVe Entretiens du Pradel

Agronomes et diversité des agricultures

Jeudi 14 septembre 2006

Séance 1 : 10 h 15 – 13 h 00
La diversité des agricultures : Quel cadre d'analyse ?

Séance animée par É. Landais (Agro-Montpellier)
Quels états de la diversité et les évolutions ? Quelles conceptions de l'agriculture ?
Quelles relations au fait technique, à l'environnement, au consommateur ?

**10 h 20 – 10 h 35 – La diversité des agricultures :
évolution, états et proposition de cadre d'analyse**

P. Robin (Inra-EA, Montpellier)

10 h 35 – 11 h 05 – Témoignages de diversités

Pluralité des démarches au sein de l'agriculture biologique
D. Van Dam (Université de Namur)
Pluralité des systèmes au sein d'une grande région : exemple de l'Équateur
P. Gasselin (Inra-sad, Montpellier)

11 h 05 – 11 h 30 – Réactions

J. Pluvinage (Inra, Montpellier), É. Malézieux (Cirad), B. Sylvander (Inra-sad,
Toulouse), H. Cochet (Institut national agronomique Paris-Grignon) et P. Cornu
(Université Lyon 2, LER)

11 h 30 – 13 h 00 – Débat : Quel cadre d'analyse de la diversité des agricultures ?

Séance 2 : 14 h 30 – 17 h 30
La diversité des agricultures : quels enjeux pour la durabilité ?

Séance animée par F. Papy (Inra)
Pourquoi et comment préserver la diversité des systèmes techniques et des activités dans une perspective de durabilité de l'agriculture ?

**14 h 35 – 16 h 00 – Gestion durable des ressources naturelles : cas de la
biodiversité**

Gestion de la biodiversité par l'agriculture
V. Bretagnolle (CNRS-Chizé) et G. Lemaire (Inra Lusignan)
Recherches partenariales en agroécologie au niveau local
P. Steyaert (Inra-Sadapt, Paris)
Débat : Quelle durabilité écologique de l'activité agricole sur un territoire ?

16 h 00 – 16 h 15 : Pause

16 h 15 – 17 h 30 – Le maintien des ménages agricoles sur un territoire par la pluriactivité
Exemple de la double activité en élevage ovin en Auvergne
C. Fiorelli (Inra)
Débat : Quelle durabilité sociale de l'activité agricole sur un territoire ?

Vendredi 15 septembre 2006

Séance 3 : 8 h 30 – 12 h 00
La diversité des agricultures : conséquences pour les agronomes ?

Séance animée par A. Messéan (Inra)
Quels concepts et quelles méthodes pour l'agronome de la recherche, de la formation, et du développement ?

8 h 30 – 9 h 15 – Le chercheur agronome face à la diversité
A. Capillon (SupAgro, Montpellier)
Discutants : G. Thevenet (Arvalis), A. Achard (Établissement public local d'enseignement agricole, Eplea Olivier de Serres)

9 h 15 – 10 h 00 – L'enseignant agronome face à la diversité
J. Caneill (Enesad), X. Le Cœur (DGER)
Discutants : F. Kockman (Chambre d'agriculture de Saône et Loire) et M. Benoit (Inra)

10 h 00 – 10 h 15 – Pause

10 h 15 – 11 h 00 – Le conseiller agronome face à la diversité
F. Blanchard, Y. Lefrileux (Institut de l'élevage, PEP Caprin)
Discutants : M. Napoleone (Inra), H. Dalmais (Eplea Chambéry)

11 h 00 – 12 h 00 – Débat : Quels nouveaux outils pour l'agronome ? Quelles évolutions dans les métiers d'agronomes ?

12 h 00 – 14 h 00 : Repas au Domaine

Séance 4 : 14 h 00 – 16 h 00
Les institutions et les collectifs face à la diversité des agricultures : Quelles évolutions ?

Séance animée par C. Béranger (Inra)
Comment les institutions et les citoyens prennent en compte la diversité et y contribuent ?

14 h 00 – 15 h 45 – Table ronde et débat : Le politique, l'institution et le collectif face la diversité, quelles évolutions ?
P. Vissac (Directeur de l'action régionale à l'Inra), E. Marshall (Doyen de l'Inspection de l'enseignement agricole), J. P. Reine (Président de la Chambre d'agriculture de l'Ardèche et Conseiller régional Rhône-Alpes), D. Chardon (Président de l'association Terroirs et culture), D. Gaboriau (Président de la Fédération nationale des Civam)

15 h 45 – 16 h 00 – Pause

16 h 00 – 17 h 00 – Conclusion des Entretiens du Pradel

Grand Témoin : Marcel Mazoyer

Avec le témoignage de Sylvia Hermann, chercheur de la Faculté des sciences agronomiques de Hohenheim (Allemagne).

Liste des participants aux IVᵉ Entretiens du Pradel 2006

Achard	Alain	Le Cœur	Xavier
Ambroise	Régis	Lefort	Jacques
Balard	Joël	Lefrilaux	Yves
Barrot	Éric	Lemaire	Gilles
Benoit	Marc	Malézieux	Éric
Béranger	Claude	Marshall	Éric
Bergeret	Pascal	Mathieu	Anne
Blanchard	Frédéric	Mazoyer	Marcel
Bretagnolle	Vincent	Mériaux	Suzanne
Brunier	Jacques	Mérot	Anne
Cancian	Nadia	Morlon	Pierre
Caneill	Jacques	Napoléone	Martine
Capillon	Alain	Navarrete	Mireille
Chardon	Dominique	Papy	François
Chataing	Chantal	Pluvinage	Jean
Cochet	Hubert	Prévost	Philippe
Cornu	Pierre	Raichon	Camille
Dalmais	Hervé	Reine	Jean-Paul
Estienne	Chantal	Riedacker	Arthur
Ferrand	Pascal	Robin	Paul
Fiorelli	Cécile	Salmona	Michèle
Fleury	Philippe	Serrières	Philippe
Gaboriau	Denis	Soulard	Christophe
Gasselin	Pierre	Steyaert	Patrick
Gerin	Anne	Sylvander	Bertyl
Girardin	Philippe	Thévenet	Gilles
Herrmann	Sylvia	Tremsal	Benoit
Kockmann	François	Van Dam	Denise
Landais	Étienne	Vissac	Philippe

Édition, maquette, couverture : Éditions Quæ
Mise en pages : Desk
Photo de couverture : Chartier Michel © Inra.
Vue aérienne d'un champ de maïs pour analyse de peuplement.
Imprimé pour vous par Books on Demand (Allemagne)

www.ingramcontent.com/pod-product-compliance
Lightning Source LLC
LaVergne TN
LVHW020951200726
843508LV00004B/1404